Der gebrochene Lichtstrahl

L. W. TARASSOW
und A. N. TARASSOWA

Mit 120 Abbildungen

Verlag MIR, Moskau

BSB B. G. Teubner Verlagsgesellschaft

Leipzig 1988

Kleine Naturwissenschaftliche Bibliothek · Band 63
ISSN 0232-346X

Autoren:
Professor Lew Wassiljewitsch Tarassow, Lehrstuhlinhaber
an der Moskauer pädagogischen Hochschule
Oberlehrer Albina Nikolajewna Tarassowa,
Moskauer Forschungsinstitut für elektronischen
Maschinenbau

Titel der Originalausgabe:
Беседы о преломлении света
Verlag NAUKA, Moskau 1982

Deutsche Übersetzung: Dr. Helfried und Natalja Börner, Leipzig
Wissenschaftliche Redaktion: Oberlehrer Siegfried Anders, Leipzig

Tarasov, Lev Vasil'evič:
Der gebrochene Lichtstrahl / Lew Wassiljewitsch
Tarassow; Albina Nikolajewna Tarassowa. [Dt. Übers.: Helfried
Börner]. – 1. Aufl. – Moskau: Mir; Leipzig: BSB Teubner,
1988. – S. 168: 120 Abb., 1 Tab.
(Kleine Naturwissenschaftliche Bibliothek; 63)
EST: Besedy o prelomlenii sveta ⟨dt.⟩
NE: Tarasova, Albina Nikolaevna: GT

ISBN 978-3-322-00391-1   ISBN 978-3-663-05944-8 (eBook)
DOI 10.1007/978-3-663-05944-8
Gemeinschaftsausgabe des Verlages MIR, Moskau, und des
BSB B.G. Teubner Verlagsgesellschaft, Leipzig

1. Auflage
VLN 294-375/91/88 · LSV 1169
Lektor: Dipl.-Met. Christine Dietrich

Best.-Nr. 666 381 1
00910

Vorwort zur russischen Ausgabe

Warum ändert sich die Richtung eines Lichtstrahls an der Grenze zweier verschiedener Medien? Warum scheint die untergehende Sonne in der Vertikalen abgeflacht zu sein? Warum entstehen Luftspiegelungen? Warum zerlegt ein Prisma das Sonnenlicht in verschiedene Farben? Wie berechnet man die Winkelabmessungen eines Regenbogens? Warum erscheinen uns ferne Gegenstände bei ihrer Betrachtung durch ein Galileisches Fernrohr als nah? Wie ist das menschliche Auge aufgebaut? Warum spaltet sich ein Lichtstrahl beim Eintritt in einen Kristall in zwei Strahlen auf? Kann man die Polarisationsebene drehen? Kann man Lichtstrahlen beliebig krümmen? Kann man die Brechzahl steuern?

Auf diese Fragen findet der Leser Antwort in diesem Buch. Dabei erfährt er, wie das Gesetz der Lichtbrechung entdeckt wurde, wie die Newtonsche Theorie der Lichtrefraktion in der Atmosphäre beinahe für immer verlorengegangen wäre, wie dank der Versuche von Newton die jahrhundertealten Vorstellungen über die Entstehung der Farben zerstört wurden, wie das Fernrohr erfunden wurde, wie sich schrittweise, im Verlaufe von 20 Jahrhunderten, die Vorstellungen über den Mechanismus des menschlichen Auges herausbildeten, wie problematisch die Entdeckung der Polarisation des Lichtes verlief.

Um die physikalischen und historischen Aspekte besser im Zusammenhang darzustellen, führen die Autoren im Text speziell ausgewählte Aufgaben (mit ausführlichen Lösungen), geometrische Konstruktionen und optische Schemata konkreter Geräte und Anlagen an. Zweifellos nimmt der Leser die Auszüge aus den klassischen Arbeiten der Begründer der physikalischen Optik (z. B. „Lectiones Opticae" von Newton oder „Traité de la Lumière" („Traktat über das Licht") von Huygens) anders auf, nachdem diese Auszüge mit Hilfe von Schemata, Konstruktionen und konkreten Aufgaben „dechiffriert" wurden.

Auf diese Weise macht sich der Leser bei seiner Reise durch die Welt der sich brechenden Lichtstrahlen nicht nur mit dem physikalischen Wesen der behandelten Fragen bekannt, sondern auch mit der historischen Entwicklung der physikalischen Erkenntnis und mit ihrer praktischen Verkörperung in Aufgaben, Konstruktionen und optischen Schemata. Das alles führt dazu, so hoffen die Autoren, daß die Reise unterhaltsam und nützlich sein wird.

Die Autoren

Inhalt

1. Was geschieht mit Lichtstrahlen an der Grenze zweier Medien?

1.1. Ein Ring auf dem Boden eines Gefäßes mit Wasser

Nehmen wir ein nicht zu tiefes Gefäß mit undurchsichtigen Wänden; das kann z. B. eine Tasse, eine Blechdose oder ein Topf sein. Auf den Boden des Gefäßes legen wir einen Ring. Nun betrachten wir das Gefäß unter einem solchen Winkel, daß wir zwar einen Teil des Bodens, nicht aber den Ring sehen können. Dann bitten wir jemanden, das Gefäß mit Wasser zu füllen, ohne dabei seine Lage zu verändern. Wenn der Wasserspiegel im Gefäß eine bestimmte Höhe erreicht hat, können wir den auf dem Boden liegenden Ring sehen. Dieser recht einfache Versuch ist stets beeindruckend. Er demonstriert gut die Erscheinung der *Brechung* der Lichtstrahlen an der Grenze Wasser–Luft (Abb. 1.1).

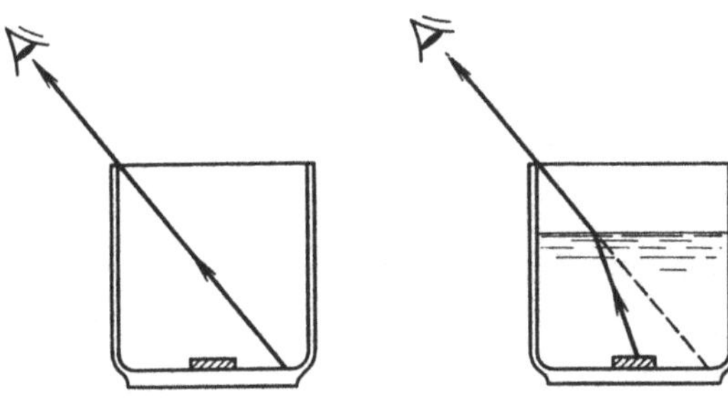

Abb. 1.1

Der beschriebene Versuch zur Brechung der Lichtstrahlen ist schon lange bekannt. 1557 erschien in Paris die Übersetzung des Buches „Katoptrika" von Euklid (3. Jh. v. u. Z.), in der wir folgende Behauptung finden: „Bringt man einen Gegenstand auf den Boden eines Gefäßes und entfernt dieses Gefäß vom Auge des Beobachters, so daß dieser Gegenstand nicht mehr sichtbar ist, so wird er erneut sichtbar bei diesem Abstand, wenn das Gefäß mit Wasser gefüllt wird." Der betrachtete Versuch steht in keiner direkten Verbindung mit den im Buche Euklids untersuchten Fragen. Denn das Buch ist der Katoptrika gewidmet, und als Katoptrika wurde damals das Gebiet der Optik bezeichnet, das die Reflexion des Lichtes betrifft. Die Lichtbrechung jedoch wurde innerhalb der Dioptrika untersucht. Es besteht die Möglichkeit, daß der Versuch mit dem Ring auf dem Boden eines Gefäßes vom Übersetzer des Buches hinzugefügt wurde. Trotzdem gibt es keinen Grund, daran zu zweifeln, daß dieser Versuch bereits 2 Jahrtausende alt ist. Die Beschreibung dieses Versuchs ist auch in anderen alten Quellen enthalten, z. B. in einem Buch von Kleomedes (50 u. Z.) „Die zyklische Theorie der Meteore". (Unter dem Begriff „Meteor" wurden damals alle Himmelserscheinungen zusammengefaßt.) Kleomedes schrieb: „Ist es etwa nicht möglich, daß sich ein Lichtstrahl beim Durchlaufen feuchter Luftschichten krümmt...? Das wäre eine Erscheinung der gleichen Art wie die, wenn ein Kreis auf dem Boden eines Gefäßes, der in einem leeren Gefäß unsichtbar ist, beim Füllen des Gefäßes mit Wasser sichtbar wird."

Diesen altbekannten Versuch nutzend, betrachten wir die folgende durchaus moderne Aufgabe. *Die Wandhöhe eines zylindrischen Gefäßes ist gleich dem Durchmesser des Gefäßbodens. Im Zentrum des Bodens befindet sich eine Scheibe, deren Durchmesser halb so groß wie der Durchmesser des Gefäßbodens ist. Von diesem sieht der Beobachter nur den äußersten Rand (natürlich sieht er die auf dem Boden liegende Scheibe nicht). Welchen Teil des Gefäßvolumens muß eingefülltes Wasser einnehmen, damit der Beobachter gerade noch den Rand der Scheibe sehen kann? Die Brechzahl von Wasser beträgt 4/3.*

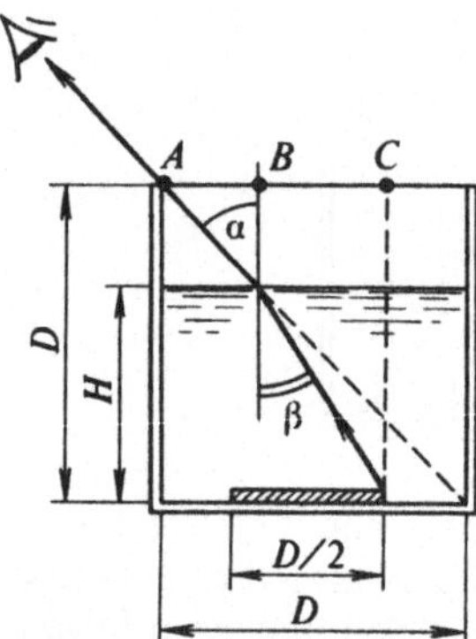

Abb. 1.2

Wir bezeichnen den Durchmesser des Gefäßbodens mit D und mit H die Höhe des Wasserstandes im Gefäß, bei der der Scheibenrand für den Beobachter sichtbar wird (Abb. 1.2). Das Brechungsgesetz von Lichtstrahlen wird durch die Beziehung

$$\frac{\sin \alpha}{\sin \beta} = n \tag{1.1}$$

beschrieben. Wir schreiben die Gleichung $\overline{AB} + \overline{BC} = \overline{AC}$ in der Form $(D - H) \tan \alpha + H \tan \beta = 3D/4$. Unter Berücksichtigung der Tatsache, daß $\tan \alpha$ entsprechend der Aufgabenstellung gleich 1 ist, erhalten wir

$$\frac{D}{H} = 4 (1 - \tan \beta). \tag{1.2}$$

Wir gehen von tan β zu sin β über; unter Benutzung von Gl. (1.1) ist

$$\tan\beta = \frac{\sin\beta}{\sqrt{1-\sin^2\beta}} = \frac{\sin\alpha}{\sqrt{n^2-\sin^2\alpha}} = \frac{1}{\sqrt{2n^2-1}}. \tag{1.3}$$

Wir setzen Gl. (1.3) in Gl. (1.2) ein und erhalten

$$\frac{D}{H} = 4\left(1 - \frac{1}{\sqrt{2n^2-1}}\right).$$

Da $n = 4/3$ gilt, ist $H/D = 0{,}67$. Der Beobachter kann also den Rand der Scheibe sehen, wenn das Wasservolumen 67 % des Gefäßvolumens beträgt.

1.2. Die Versuche von Ptolemäus

In der betrachteten Aufgabe wurde das *Brechungsgesetz* (1.1) angewendet. Der Entdeckung dieses Gesetzes gingen langwierige Forschungen voraus. Ihren Anfang nahmen sie im 2. Jh. u. Z., als Ptolemäus versuchte, experimentell die Abhängigkeit zwischen den Winkeln zu finden, die der einfallende und der gebrochene Strahl jeweils mit der Senkrechten zur Grenze zwischen den Medien bilden.
Ptolemäus verwendete eine Scheibe, deren Umfang in 360 Teile geteilt war. Im Zentrum der Scheibe wurden die Enden zweier Lineale befestigt, die man um den Befestigungspunkt drehen konnte. Die Scheibe wurde zur Hälfte ins Wasser getaucht (Abb. 1.3). Die Lineale wurden derart gerichtet, daß es schien, als

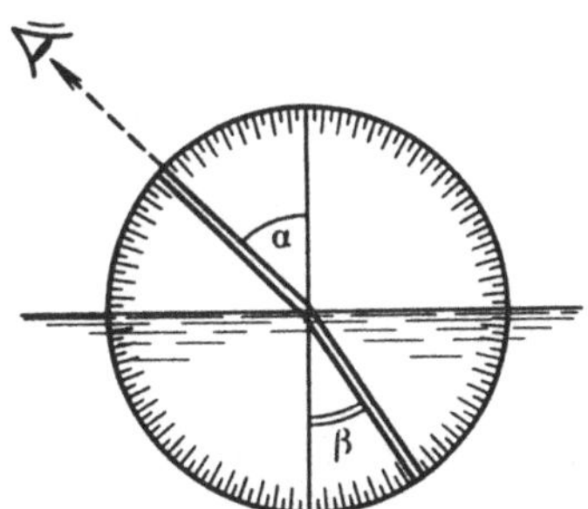

Abb. 1.3

würden die beiden Lineale eine Gerade bilden, wenn man entlang des oberen Lineals schaute. Ptolemäus brachte das obere Lineal in verschiedene Stellungen (die unterschiedlichen Winkeln α entsprachen) und suchte experimentell die entsprechenden Lagen des unteren Lineals (den entsprechenden Winkel β). Aus den Messungen von Ptolemäus folgte, daß das Verhältnis sin α/sin β zwischen 1,25 und 1,34 liegt, d. h., daß es nicht völlig konstant ist.

Somit gelang es Ptolemäus nicht, das richtige Gesetz für die Brechung des Lichtes zu finden.

1.3. Formulierung des Brechungsgesetzes durch Snellius

Es vergingen 14 Jahrhunderte, bis schließlich das Brechungsgesetz aufgestellt wurde. 1626 verstarb der holländische Mathematiker Snellius. Unter seinen Papieren fand man eine Arbeit, in der faktisch das Brechungsgesetz formuliert war. Um die Schlußfolgerungen in der Snelliusschen Arbeit zu erklären, wenden wir uns Abb. 1.4 zu.

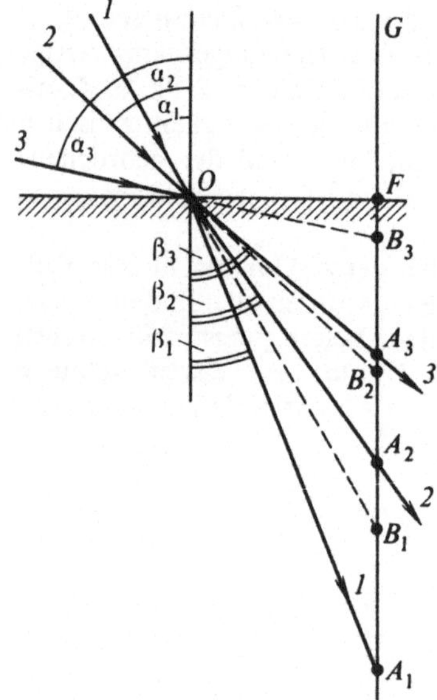

Abb. 1.4

$\overline{FO}$ sei die Grenze zwischen zwei Medien. Die Strahlen fallen auf diese Grenze im Punkt O ein. In der Abbildung werden drei Strahlen (1, 2, 3) betrachtet; α_1, α_2 und α_3 sind die Einfallswinkel dieser Strahlen, β_1, β_2 und β_3 die Brechungswinkel. Durch einen beliebigen Punkt F der Grenze zwischen den Medien legen wir die Senkrechte $\overline{FG}$. Wir bezeichnen mit A_1, A_2, A_3 die Schnittpunkte der gebrochenen Strahlen 1, 2 und 3 mit dieser Senkrechten, mit B_1, B_2, B_3 die Schnittpunkte der verlängerten einfallenden Strahlen 1, 2 und 3 mit dieser Senkrechten. (In der Abbildung sind diese Verlängerungen der Strahlen gestrichelt dargestellt.) Snellius fand experimentell die Beziehung

$$\frac{\overline{OA_1}}{\overline{OB_1}} = \frac{\overline{OA_2}}{\overline{OB_2}} = \frac{\overline{OA_3}}{\overline{OB_3}}.$$

Das Verhältnis der Länge des gebrochenen Strahls vom Punkt O bis zum Schnittpunkt mit der Geraden $\overline{FG}$ zur Länge der Verlängerung des einfallenden Strahls vom Punkt O bis zum Schnittpunkt mit $\overline{FG}$ ist also für alle drei auf die Grenze zwischen den Medien einfallenden Strahlen gleich:

$$\frac{\overline{OA_i}}{\overline{OB_i}} = \text{const.} \tag{1.4}$$

(Der Index i steht für den entsprechenden Lichtstrahl 1, 2, 3.) Aus Gl. (1.4) folgt unmittelbar die allgemein übliche Formulierung des Brechungsgesetzes. Da $OA_i \sin \beta_i = \overline{FO}$ und $\overline{OB_i} \sin \alpha_i = \overline{FO}$, erhalten wir aus (1.4)

$$\frac{\sin \alpha_i}{\sin \beta_i} = \text{const.} \tag{1.5}$$

Somit gilt, daß für jeden auf eine Grenze zwischen zwei Medien einfallenden Lichtstrahl das Verhältnis des Sinus des Einfallswinkels zum Sinus des Brechungswinkels eine *konstante* Größe für die betrachteten Medien ist.

1.4. Erklärung des Brechungsgesetzes durch Descartes; der Fehler von Descartes

Aus unbekannten Gründen veröffentlichte Snellius seine Arbeit jedoch nicht. Die erste die Formulierung des Brechungsgesetzes enthaltende Veröffentlichung stammt nicht von Snellius, sondern von dem bekannten französischen Gelehrten René Descartes (1596–1650).

Descartes beschäftigte sich mit Physik, Mathematik und Philosophie. Er war eine originelle und zweifelsohne bedeutende Persönlichkeit, die nicht wenige widersprüchliche Diskussionen hervorrief. Einige seiner Zeitgenossen beschuldigten Descartes, er habe die unveröffentlichten Arbeiten von Snellius zur Lichtbrechung verwendet. Unabhängig davon, ob Descartes die Arbeiten von Snellius gesehen hat oder nicht, ist diese Anschuldigung unbegründet. Descartes gelangte zur Formulierung des Brechungsgesetzes, indem er von eigenen Vorstellungen über die Eigenschaften der Lichtstrahlen ausging. Er leitete das Brechungsgesetz *theoretisch* ab – unter der Voraussetzung verschiedener Lichtgeschwindigkeiten in unterschiedlichen Medien.

Es ist interessant, daß Descartes zur Formulierung des Brechungsgesetzes gelangte und dabei von der falschen Annahme ausging,
daß die Lichtgeschwindigkeit beim Übergang von Luft in ein
dichteres Medium anwächst. Heute scheinen uns die Vorstellungen
von Descartes über die Natur des Lichtes ziemlich verworren und
naiv. Er betrachtete die Ausbreitung des Lichtes als einen Prozeß
der Druckübergabe an die alle Körper umgebende und sie durch-
dringende Äthermaterie. In seiner Arbeit mit der Überschrift
„Dioptrika" kann man folgendes lesen: „Da es in der Natur keine
Leere gibt und da alle Körper Poren haben, ist es unumgänglich,
daß diese Poren mit einer äußerst verdünnten und fließenden
Materie angefüllt sind, die sich stetig von den Himmelslichtquellen
zu uns ausbreitet... Licht ist nichts anderes als eine Bewegung oder
eine Wirkung, die man in einer äußerst verdünnten Materie erhält
und die die Poren anderer Körper ausfüllt." Bei der Betrachtung
der Lichtbrechung verwendete Descartes die Analogie eines Balls,
den man ins Wasser wirft. Er behauptete, daß „die Wirkung der
Lichtstrahlen den gleichen Gesetzen gehorcht wie die Bewegung
des Balls".

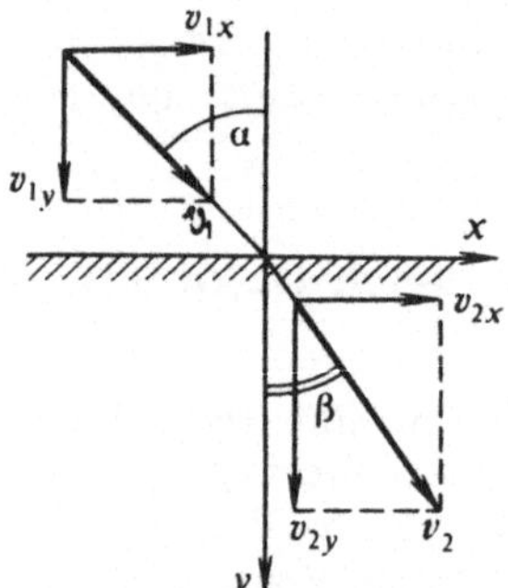

Abb. 1.5

Descartes' Ideen über die Lichtbrechung sind in Abb. 1.5 illustriert. v_1 sei die Geschwindigkeit der Übergabe des Lichtdrucks
im ersten Medium, v_2 die im zweiten Medium. Descartes zer-
legte beide Vektoren in zwei Teilvektoren: parallel zur Grenze
zwischen den Medien (x-Komponente) und senkrecht zu dieser
Grenze (y-Komponente). Er nahm an, daß sich beim Übergang des
Lichtes von einem Medium ins andere nur die y-Komponente des
Vektors v verändert, wobei im dichteren Medium diese
Komponente größer ist als die im weniger dichten Medium. Mit
anderen Worten:

$$v_{1x} = v_{2x}; \quad v_{1y} < v_{2y}. \tag{1.6}$$

12

Aus der Zeichnung ist ersichtlich daß

$$\frac{\sin \alpha}{\sin \beta} = \frac{v_{1x}/v_1}{v_{2x}/v_2} = \frac{v_2}{v_1}. \tag{1.7}$$

Der grundlegende Fehler Descartes' bestand darin, daß er annahm, daß sich das Licht im dichteren Medium schneller ausbreitet als im weniger dichten Medium. In Wirklichkeit ist es aber *umgekehrt*. „Je fester die Teilchen des durchsichtigen Körpers sind", so stellt Descartes seine ziemlich nebelhaften Überlegungen an, „desto leichter lassen sie das Licht durch, denn das Licht muß keine Teilchen von ihren Plätzen herausstoßen, so wie ein Ball Wasserteilchen herausstößt, um sich seinen Weg durch sie zu bahnen..."
Descartes' Fehler wurde von Huygens und Fermat berichtigt.

1.5. Das Huygenssche Prinzip

Der bekannte holländische Physiker und Mathematiker Christiaan Huygens (1629–1695) betrachtete die Lichtausbreitung als einen Wellenprozeß. Nach Huygens ist das Licht eine Welle in der Äthermaterie.
Den Ausbreitungsprozeß von Lichtwellen betrachtete er folgendermaßen: Setzen wir voraus, die Lichtwelle sei eben. Ein Schnitt durch ihre Front (oder, anders ausgedrückt, durch die Wellenfläche) ist dann eine gerade Linie. In Abb. 1.6 soll dies die

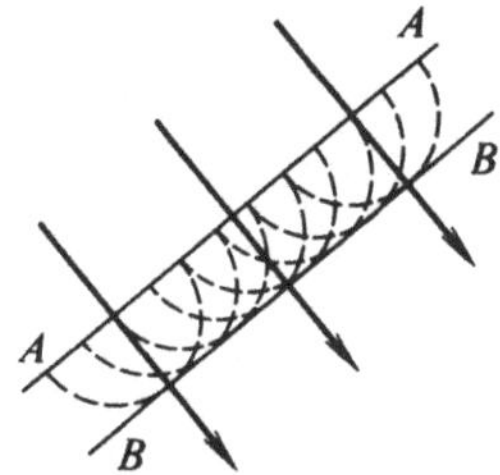

Abb. 1.6

Gerade $\overline{AA}$ sein. In allen Punkten der Geraden $\overline{AA}$ kommt das Licht zur gleichen Zeit an. Nach Huygens beginnen alle diese Punkte gleichzeitig als Punktquellen von Elementarwellen zu wirken. Huygens unterstrich in seinem „Traktat über das Licht": „....das Licht breitet sich durch aufeinanderfolgende sphärische Wellen (im deutschen Sprachgebrauch Elementarwellen) aus". Nach einem bestimmten Zeitintervall Δt ergeben die Fronten

dieser Wellen das in Abb. 1.6 durch die gestrichelten Halbkreise
dargestellte Bild. Wir zeichnen die Tangente zu diesen Fronten ein;
dies sei die Gerade $\overline{BB}$. Sie entspricht der neuen Lage der Front der
ebenen Lichtwelle. Man kann sagen, daß sich die Lichtwellenfront
im Zeitintervall Δt aus der Lage $\overline{AA}$ in die Lage $\overline{BB}$ verschoben
hat. Natürlich können jetzt ebenfalls alle Punkte der Geraden $\overline{BB}$
als punktförmige Quellen von Elementarwellen betrachtet werden. Die Lichtstrahlen sind in der Abbildung durch Pfeile
gekennzeichnet. In jedem Punkt des Raumes ist der Lichtstrahl
senkrecht zur durch diesen Punkt verlaufenden Wellenfront
gerichtet.

Diese Methode der Konstruktion der aufeinanderfolgenden Lagen
der Wellenfront (Wellenfläche) ging in die Wissenschaftsgeschichte
als *Huygenssche Methode* ein. Sie wird auch als *Huygenssches
Prinzip* bezeichnet und wird folgendermaßen formuliert:
*Jeder Punkt, der von einer Lichtanregung erreicht wird, wird
seinerseits zum Zentrum einer Elementarwelle. Die Oberfläche, die
diese Elementarwellenfronten zu einem gegebenen Zeitpunkt umhüllt,
zeigt die Lage der Front der sich tatsächlich ausbreitenden Welle in
diesem Moment an.*

1.6. Das Huygenssche Prinzip und das Brechungsgesetz

Huygens leitete das Brechungsgesetz mit Hilfe des eben
beschriebenen Prinzips ab (Abb. 1.7). Auf die zwei Medien, z. B.
Luft und Wasser, trennende Fläche A_1A_4 fällt eine ebene
Lichtwelle ein, die durch den Einfallswinkel α charakterisiert wird.
Die Lichtgeschwindigkeit im ersten Medium (in Luft) wird mit v_1
und im zweiten Medium (in Wasser) mit v_2 bezeichnet. Huygens
erkannte richtig, daß $v_1 > v_2$ ist. In der Abbildung sind 4 Lichtstrahlen durch Pfeile gekennzeichnet. Die Lage der Wellenfront in

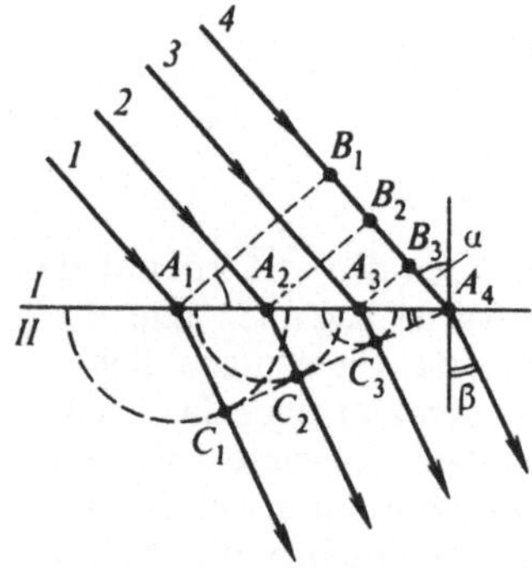

Abb. 1.7

dem Moment, wenn der Lichtstrahl *1* die Grenze zwischen den Medien erreicht, entspricht der gestrichelten Linie $\overline{A_1B_1}$. In dem gleichen Augenblick wird entsprechend dem Huygensschen Prinzip der Punkt A_1 zur Quelle einer Elementarwelle. Halten wir fest, daß sich diese Welle sowohl im ersten als auch im zweiten Medium ausbreitet und somit entsprechend reflektierte und gebrochene Lichtstrahlen entstehen. Wir wollen uns aber auf den gebrochenen Lichtstrahl beschränken. In der Abbildung ist die Front der betrachteten Elementarwelle nach der Zeit Δt_1, in der der Strahl *4* die Strecke von B_1 bis A_4 zurückgelegt hat, durch den gestrichelten Halbkreis um A_1 dargestellt. Es ist offensichtlich, daß

$$\Delta t_1 = \frac{\overline{B_1A_4}}{v_1} = \frac{\overline{A_1C_1}}{v_2}. \tag{1.8}$$

In dem Moment, wenn die Grenze zwischen den Medien vom Strahl *2* erreicht wird, wird der Punkt A_2 zur Punktquelle einer Elementarwelle. Der gestrichelte Halbkreis mit dem Zentrum in A_2 entspricht der Front dieser Welle nach der Zeit Δt_2, in der der Strahl *4* die Strecke von B_2 nach A_4 zurückgelegt hat:

$$\Delta t_2 = \frac{\overline{B_2A_4}}{v_1} = \frac{\overline{A_2C_2}}{v_2}.$$

Erreicht der Strahl *3* die Grenzfläche, wird der Punkt A_3 zur Punktquelle einer Elementarwelle. Der gestrichelte Halbkreis mit dem Zentrum in A_3 entspricht der Front dieser Welle nach der Zeit Δt_3, in der der Strahl *4* die Strecke von B_3 nach A_4 zurückgelegt hat:

$$\Delta t_3 = \frac{\overline{B_3A_4}}{v_1} = \frac{\overline{A_3C_3}}{v_2}.$$

Die Tangente an die in der Abbildung dargestellten Halbkreise wird von der Geraden $\overline{C_1A_4}$ gebildet; sie entspricht der Wellenfront des gebrochenen Lichtbündels in dem Moment, in dem der Strahl *4* die Grenzfläche erreicht. Aus der Abbildung wird ersichtlich, daß

$$\sin \alpha = \frac{\overline{B_1A_4}}{\overline{A_1A_4}}, \quad \sin \beta = \frac{\overline{A_1C_1}}{\overline{A_1A_4}}$$

und

$$\frac{\sin \alpha}{\sin \beta} = \frac{\overline{B_1A_4}}{\overline{A_1C_1}}.$$

Unter Verwendung von Gl. (1.8) erhalten wir

$$\frac{\sin \alpha}{\sin \beta} = \frac{v_1}{v_2}. \tag{1.9}$$

Im Unterschied zu (1.7) steht hier das richtige Verhältnis zwischen den Geschwindigkeiten.

Ein und derselbe experimentelle, von Snellius aufgestellte Fakt der Konstanz des Verhältnisses $\sin \alpha / \sin \beta$ wird auf der Grundlage von zwei entgegengesetzten theoretischen Annahmen erklärt: der falschen Voraussetzung von Descartes, daß die Lichtgeschwindigkeit im dichteren Medium größer ist als in Luft, und der richtigen, entgegengesetzten Voraussetzung von Huygens. Wir können somit erkennen, daß ein und dasselbe Experiment zum Begründen unterschiedlicher theoretischer Konzeptionen herangezogen werden kann. Dabei ist selbstverständlich, daß die Theorie auf dem Experiment basiert und durch das Experiment überprüft wird. Jedoch ist es nicht angebracht, neue Theorien zu entwickeln und sich dabei nur auf *einzelne* Experimente zu stützen. Das Beispiel Descartes' ist nicht das einzige in der Geschichte der Physik, wo versucht wurde, auf der Grundlage unvollständigen experimentellen Materials Theorien zu formulieren, die der folgenden praktischen Überprüfung nicht standhielten. Die Schaffung einer neuen Theorie erfordert ein durchdachtes System von Experimenten, das gestattet, verschiedene Seiten der Theorie zu testen, sie auf innere Geschlossenheit und auf Übereinstimmung mit anderen bekannten Fakten und Theorien zu überprüfen. Ein hervorragendes Beispiel ist in dieser Hinsicht das vom großen Newton durchgeführte, tief durchdachte System von Experimenten an Prismen, das es ihm gestattete, seine berühmte Theorie über die Entstehung der Farben zu entwickeln. Aber darüber werden wir später (im fünften Kapitel) speziell sprechen, jetzt kehren wir zum Brechungsgesetz zurück.

Wir führen die *Brechzahl* für ein gegebenes Medium ein. Entsprechend den heutigen Vorstellungen gilt

$$n = \frac{c}{v}, \tag{1.10}$$

c ist die Lichtgeschwindigkeit im Vakuum (das ist eine fundamentale physikalische Konstante, $c = 2{,}9979 \cdot 10^8$ m/s) und v die Lichtgeschwindigkeit im betrachteten Medium. Unter Benutzung der Gln. (1.10) und (1.9) schreiben wir das Brechungsgesetz in der Form

$$\frac{\sin \alpha}{\sin \beta} = \frac{n_2}{n_1}; \tag{1.11}$$

n_1 und n_2 sind entsprechend die Brechzahlen des ersten und des zweiten Mediums. Geht Licht aus Luft in ein dichteres Medium, z. B. Wasser oder Glas, über, so kann man die Lichtgeschwindigkeit in Luft mit c annehmen, d. h., wir setzen die Brechzahl von Luft gleich 1. Das Brechungsgesetz nimmt dann die Form

$$\frac{\sin \alpha}{\sin \beta} = n \tag{1.12}$$

an; n ist die Brechzahl des dichteren Mediums.

1.7. Das Fermatsche Prinzip
(Prinzip der kürzesten Ankunft)

Kehren wir zurück in das 17. Jh., und machen wir uns mit den Forschungen des bekannten französischen Mathematikers Pierre Fermat (1601–1665) bekannt. Fermat interessierte sich für die Lichtbrechung bereits früher als Huygens. Er schlug ein allgemeines Prinzip vor, das es erlaubte, den Gang von Lichtstrahlen in unterschiedlichen Situationen zu erklären, so auch beim Durchlaufen der Grenze zwischen zwei Medien. Dieses Prinzip ist uns heute als *Fermatsches Prinzip* oder das *Prinzip der kürzesten Ankunft* bekannt. Es lautet wie folgt:
Der wirkliche Weg der Ausbreitung des Lichtes (Gang des Lichtstrahls) ist der Weg, für dessen Überwindung das Licht die kürzeste Zeit im Vergleich mit allen anderen denkbaren Wegen zwischen den gleichen Punkten benötigt.
Offensichtlich entstand die Idee für dieses Prinzip bei Fermat durch Nachdenken über die Feststellung von Heron von Alexandria (2. Jh. v. u. Z.), daß das Licht bei Reflexion von einem Punkt zum anderen den kürzesten Weg nimmt. Und wirklich, betrachtet man die Abb. 1.8, kann man sich leicht davon überzeugen, daß der dem Reflexionsgesetz entsprechende Weg $\overline{ABC}$ zwischen den Punkten A und C kürzer ist als jeder beliebige andere Weg, z. B. $\overline{ADC}$. Die Länge des Weges $\overline{ABC}$ entspricht der Länge des geraden Abschnitts $\overline{AC_1}$, während die Länge des Weges $\overline{ADC}$

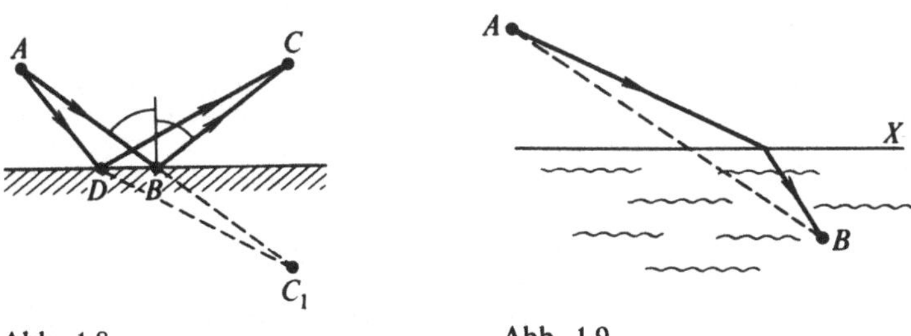

Abb. 1.8   Abb. 1.9

17

gleich der Länge der geknickten Linie $\overline{ADC_1}$ ist. (Der Punkt C_1 ist die Spiegelung von C.)

Offensichtlich entspricht die Lichtbrechung nicht dem Prinzip des kürzesten Weges. Fermat machte sich darüber Gedanken und schlug vor, das *Prinzip des kürzesten Weges* durch das *Prinzip der minimalen Zeit* zu ersetzen. Das Fermatsche Prinzip erklärt anschaulich die Reflexion des Lichtes, außerdem erklärt es (im Unterschied zum Prinzip des kürzesten Weges) auch die Lichtbrechung.

In der bekannten „Feynmanschen Vorlesung zur Physik" kann man folgenden Abschnitt finden: „Um sich davon zu überzeugen, daß der Weg entlang der Geraden hier (d. h. bei der Brechung an der Grenze zweier Medien) nicht der schnellste ist, stellen wir uns folgende Situation vor. Ein hübsches Mädchen fällt aus einem Boot im Punkt B ins Wasser und ruft um Hilfe. Die Linie X ist das Ufer (Abb. 1.9). Ihr befindet Euch auf dem Trockenen im Punkt A und seht, was vorgefallen ist. Ihr könnt schwimmen und rennen. Und Ihr rennt schneller als Ihr schwimmt. Was ist zu tun? Entlang der Geraden zum Ufer laufen? Nach kurzem Nachdenken versteht Ihr, daß es vorteilhafter ist, ein wenig länger am Ufer zu laufen, um sich den Weg im Wasser zu verkürzen, weil Ihr im Wasser viel langsamer vorwärts kommt."

1.8. Herleitung des Brechungsgesetzes aus dem Fermatschen Prinzip

Wir versuchen jetzt ganz streng zu überlegen. Wir setzen voraus, daß die Ebene S die Grenze zwischen den Medien 1 und 2 mit den Brechzahlen $n_1 = c/v_1$ und $n_2 = c/v_2$ sei (Abb. 1.10a). Wie gewöhnlich nehmen wir $n_1 < n_2$ an. Wir wählen zwei Punkte: oberhalb der Ebene S den Punkt A und unterhalb der Ebene S den Punkt B. Die Abstände $\overline{AA_1} = h_1$, $\overline{BB_1} = h_2$ und $\overline{A_1B_1} = l$ seien gegeben. Es gilt nun, einen solchen Weg von A nach B zu finden, daß die Zeit, die das Licht zu seiner Bewältigung benötigt, minimal ist im Vergleich mit allen anderen denkbaren Wegen. Es ist verständlich, daß dieser Weg aus zwei geraden Abschnitten bestehen muß: $\overline{AO}$ im Medium 1 und $\overline{OB}$ im Medium 2. Es muß also die Lage des Punktes O in der Ebene S gefunden werden.

Aus dem Fermatschen Prinzip folgt zunächst, daß der Punkt O auf der Geraden liegt, die durch den Schnitt der Ebenen S und P entsteht. Die Ebene P steht senkrecht auf der Ebene S, und sie enthält die Punkte A und B. Nehmen wir zunächst an, der genannte Punkt läge nicht in der Ebene P. Wir bezeichnen ihn dann mit O_1 (Abb. 1.10b). Wir fällen das Lot $\overline{O_1O_2}$ auf die Ebene P. Da $\overline{AO_2} < \overline{AO_1}$ und $\overline{BO_2} < \overline{BO_1}$ gilt, wird ersichtlich, daß für das Zurücklegen des Weges $\overline{AO_2B}$ weniger Zeit benötigt wird als für das Zurücklegen des Weges $\overline{AO_1B}$. Wir können uns also bei Anwendung des Fermatschen Prinzips davon überzeugen, daß das erste Brechungsgesetz erfüllt wird: Der einfallende und der gebrochene Strahl liegen in einer Ebene mit der durch den Punkt der Lichtbrechung verlaufenden

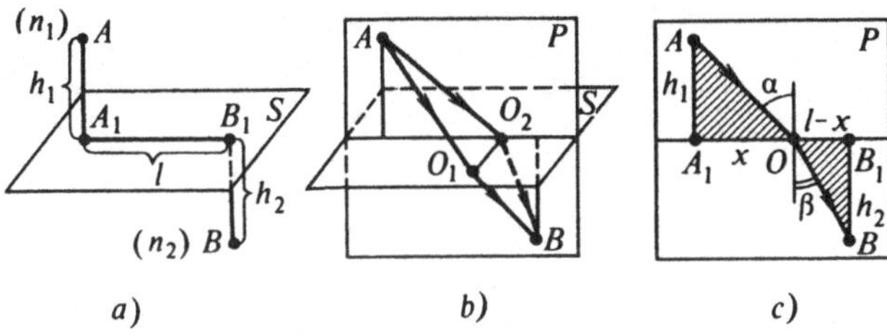

Abb. 1.10

Senkrechten zur Trennfläche (dem Einfallslot). Das ist die Ebene P in Abb. 1.10b. Sie wird als Einfallsebene bezeichnet.

Wir betrachten nun die Lichtstrahlen in der Einfallsebene (Abb. 1.10c). Den Abschnitt $\overline{A_1O}$ bezeichnen wir mit x, so daß $\overline{OB_1} = l - x$ gilt. Die Zeit T, die benötigt wird, um von A nach O und danach von O nach B zu gelangen, ist gleich

$$T = \frac{\overline{AO}}{v_1} + \frac{\overline{OB}}{v_2} = \frac{\sqrt{h_1^2 + x^2}}{v_1} + \frac{\sqrt{h_2^2 + (l - x)^2}}{v_2}. \tag{1.13}$$

Diese Zeit hängt von x ab. In Übereinstimmung mit dem Fermatschen Prinzip muß x derart sein, daß T minimal ist. Wem die Grundlagen der mathematischen Analysis bekannt sind, der weiß, daß für das gesuchte x die Ableitung $\mathrm{d}T/\mathrm{d}x$ Null wird:

$$\frac{\mathrm{d}T}{\mathrm{d}x} = \frac{x}{v_1 \sqrt{h_1^2 + x^2}} - \frac{l - x}{v_2 \sqrt{h_2^2 + (l - x)^2}} = 0. \tag{1.14}$$

Da

$$\frac{x}{\sqrt{h_1^2 + x^2}} = \sin\alpha, \qquad \frac{l - x}{\sqrt{h_2^2 + (l - x)^2}} = \sin\beta$$

gilt, folgt

$$\frac{\sin\alpha}{v_1} - \frac{\sin\beta}{v_2} = 0. \tag{1.15}$$

Aus Gl. (1.15) folgt unmittelbar das zweite Brechungsgesetz, das durch die Beziehung (1.9) beschrieben wird.

Fermat selbst konnte die Beziehung (1.14) nicht benutzen, da der Apparat der mathematischen Analysis erst später entwickelt wurde – dank der Forschungsarbeiten von Newton und Leibniz. Für die Herleitung des Gesetzes der Lichtbrechung benutzte Fermat eine von ihm entwickelte Methode des Auffindens von Minima und Maxima, die ihrem Wesen nach der später entwickelten Methode der Bestimmung von Maxima und Minima einer Funktion durch Differenzieren und Gleich-Null-Setzen der erhaltenen Ableitung entsprach.

19

1.9. Anwendung des Fermatschen Prinzips

Das Fermatsche Prinzip kann man durch folgendes Beispiel veranschaulichen. Ein Lichtstrahl verläuft von A nach B und schneidet dabei die Grenzfläche zwischen zwei Medien mit den Brechzahlen n_1 und n_2 (Abb. 1.11). Wir setzen $\overline{AO} = \overline{OB} = l$.

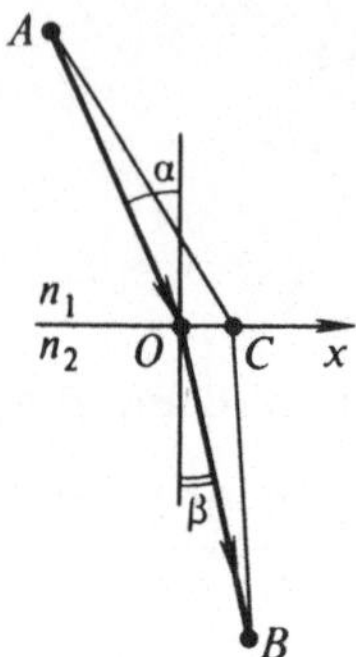

Abb. 1.11

Entlang der Grenzfläche legen wir eine Achse x und wählen den Schnittpunkt des Lichtstrahls mit der Grenzfläche als Koordinatenursprung. Wir zeichnen eine beliebige geknickte Linie $\overline{ACB}$ ein (der Punkt C liegt in der Grenzfläche). Entsprechend dem Fermatschen Prinzip ist die Zeit, die das Licht zum Durchlaufen des Weges $\overline{ACB}$ benötigt, für beliebige Werte $x = \overline{OC}$ größer als die Zeit für das Durchlaufen der in der Praxis realisierbaren Bahn $\overline{AOB}$ (für die $\sin\alpha/\sin\beta = n_2/n_1$ gilt). Überzeugen wir uns davon, und betrachten wir der Einfachheit halber genügend kleine Werte für x.

Für die Dreiecke AOC und BOC wenden wir das Sinustheorem an und erhalten

$$\left.\begin{aligned}\overline{AC} &= \sqrt{l^2 + x^2 + 2lx\sin\alpha} = l\sqrt{1 + (\eta^2 + 2\eta\sin\alpha)}; \\ \overline{CB} &= l\sqrt{1 + (\eta^2 - 2\eta\sin\beta)}, \quad \eta = x/l.\end{aligned}\right\} \tag{1.16}$$

Erinnern wir uns der für $\gamma \ll 1$ geltenden Näherung $\sqrt{1 + \gamma} = 1 + \gamma/2$. Da wir $x \ll l$ und folglich $\eta \ll 1$ voraussetzen, können wir die obengenannte Näherung benutzen und Gl. (1.16) in der Form

$$\left.\begin{aligned}\overline{AC} &= l(1 + \eta\sin\alpha + \eta^2/2), \\ \overline{CB} &= l(1 - \eta\sin\beta + \eta^2/2)\end{aligned}\right\} \tag{1.17}$$

schreiben. Für die Zeit T, die das Licht zum Durchlaufen der

Strecke $\overline{AOB}$ benötigt, gilt

$$T = \frac{l(n_1 + n_2)}{c}.$$

Mit T_x wollen wir die Zeit bezeichnen, die das Licht für den Weg $\overline{ACB}$ benötigt:

$$T_x = \frac{(\overline{AC}n_1 + \overline{CB}n_2)}{c}.$$

Setzen wir hier Gl. (1.17) ein, so erhalten wir mit Gl. (1.11) (unter Berücksichtigung von $\eta = x/l$)

$$T_x = \frac{l}{c}(n_1 + n_2) + \frac{1}{2}\frac{l}{c}\left(\frac{x}{l}\right)^2 (n_1 + n_2) = T + Dx^2.$$

Wir sehen also, es gilt $T_x > T$ bei beliebigem Vorzeichen von x, was zu beweisen war.

Wir wenden das Fermatsche Prinzip auch bei der Lösung folgender Aufgabe an. *Auf dem Boden eines Wasserbehälters der Tiefe H liegt ein Geldstück. Wir betrachten diese Münze vertikal von oben. Wie groß ist der scheinbare Abstand zwischen der Wasseroberfläche und dem Geldstück? Die Brechzahl n von Wasser ist bekannt.*
In Abb. 1.12a ist die Linse des Beobachters in starker Vergrößerung dargestellt. Es treffen zwei Lichtstrahlen, die vom Geldstück ausgehen, auf diese Linse auf; einer verläuft streng in der Vertikalen (er wird nicht gebrochen), der andere verläuft unter einem sehr kleinen Winkel β zur

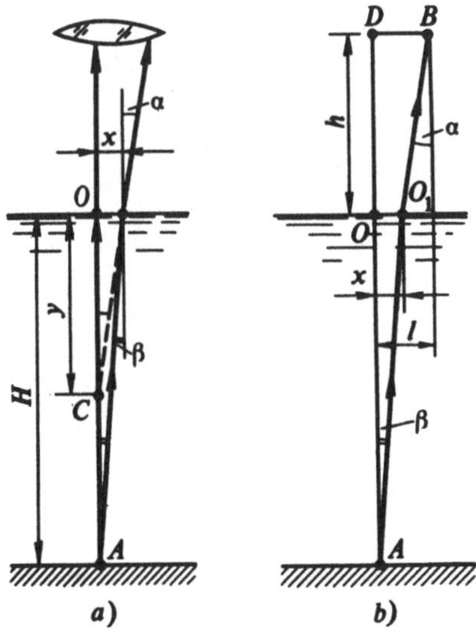

Abb. 1.12

Vertikalen (dieser Strahl wird an der Grenze Wasser – Luft gebrochen).
Der Beobachter sieht das Geldstück in dem Punkt, in dem sich die
Verlängerungen der auseinanderlaufenden, das Auge erreichenden
Strahlen treffen. Aus der Abbildung wird sichtbar, dies ist der Punkt C.
Das bedeutet, der gesuchte scheinbare Abstand zwischen der
Wasseroberfläche und dem Geldstück ist gleich der Strecke $\overline{OC}$; sie ist mit
y gekennzeichnet.
Um y bestimmen zu können, muß das Verhältnis zwischen den Winkeln
α und β bekannt sein. Dieses Verhältnis erhält man aus dem Brechungs-
gesetz: $\sin\alpha/\sin\beta = n$. Da die Winkel α und β *sehr klein* sind, kann man die
Näherungen

$$\sin\alpha = \tan\alpha = \alpha, \quad \sin\beta = \tan\beta = \beta \tag{1.18}$$

anwenden. (Es sei bemerkt, daß die Winkel in Gl. (1.18) nicht in Grad oder
Minuten anzugeben sind, sondern im Bogenmaß.) Im betrachteten Fall
sieht somit das Brechungsgesetz sehr einfach aus:

$$\frac{\alpha}{\beta} = n. \tag{1.19}$$

Aus einfachen geometrischen Überlegungen (entsprechend der Zeichnung)
folgt, daß $H\beta = x$ und $y\alpha = x$, womit $H\beta = y\alpha$. Wir erhalten unter
Berücksichtigung von Gl. (1.19)

$$y = \frac{H}{n}. \tag{1.20}$$

Wir sehen: Unter der Bedingung, daß das Brechungsgesetz bekannt ist, ist
die Aufgabe ziemlich leicht zu lösen. Nehmen wir jetzt an, das Brechungsgesetz sei uns nicht bekannt. Wir benutzen das Fermatsche Prinzip, da es
uns gestattet, die Beziehung (1.19) zu erhalten und damit diese Aufgabe zu
lösen.
Der Lichtstrahl verläuft vom Punkt A zum Punkt B; $\overline{OD} = h$ und $\overline{DB} = l$
(vgl. Abb. 1.12b). Mit O_1 bezeichnen wir den Punkt, in dem die Brechung
des Strahls erfolgt; $\overline{OO_1} = x$. Es gilt, einen solchen Abschnitt x zu finden,
daß für das Durchlaufen des Weges $\overline{AO_1B}$ die minimale Zeit benötigt wird.
Die für das Durchlaufen des betrachteten Weges benötigte Zeit T wird
durch die Beziehung

$$T = \frac{n}{c}\frac{H}{\cos\beta} + \frac{1}{c}\frac{h}{\cos\alpha} \tag{1.21}$$

beschrieben, c sei Lichtgeschwindigkeit im Vakuum. (Wir setzen voraus,
die gleiche Geschwindigkeit besitze das Licht in Luft.) Unter Benutzung
von Gl. (1.18) gilt

$$\cos\beta = 1 - 2\sin^2\frac{\beta}{2} = 1 - \frac{1}{2}\beta^2;$$

$$\cos\alpha = 1 - \frac{1}{2}\alpha^2. \tag{1.22}$$

Wir berücksichtigen ebenfalls, daß für $\xi \ll 1$ die Näherung

$$\frac{1}{1-\xi} = 1 + \xi \tag{1.23}$$

gilt. Mit den Gln. (1.22) und (1.23) kann Gl. (1.21) in der Form

$$T = \frac{nH}{c}\left(1 + \frac{\beta^2}{2}\right) + \frac{h}{c}\left(1 + \frac{\alpha^2}{2}\right)$$

geschrieben werden. Da

$$\alpha = \frac{l - x}{h}, \qquad \beta = \frac{x}{H} \tag{1.24}$$

gilt, folgt

$$T = \frac{nH}{c}\left(1 + \frac{x^2}{2H^2}\right) + \frac{h}{c}\left[1 + \frac{(l - x)^2}{2h^2}\right].$$

Es ist der Wert für x zu finden, für den T minimal ist. Mit anderen Worten, es ist der Wert x zu finden, für den die Funktion

$$y(x) = n\frac{x^2}{H} + \frac{(l - x)^2}{h} = \frac{nh + H}{hH}x^2 - 2\frac{l}{h}x + \frac{l^2}{h}$$

ein Minimum besitzt. Es ist bekannt, daß der Scheitelpunkt der Parabel $y = ax^2 + bx + c$ die x-Koordinate $b/2a$ besitzt. Demzufolge ist der gesuchte x-Wert gleich

$$x = \frac{lH}{nh + H}. \tag{1.25}$$

Wir setzen Gl. (1.25) in Gl. (1.24) ein und erhalten

$$\alpha = \frac{ln}{nh + H}, \qquad \beta = \frac{l}{nh + H},$$

woraus $\alpha/\beta = n$ folgt.

1.10. Innere Totalreflexion des Lichtes; Reflexionsgrenzwinkel

Bisher betrachteten wir die Lichtbrechung an der Grenze zweier Medien und haben dabei nicht beachtet, daß man gewöhnlich gleichzeitig mit der Lichtbrechung eine Reflexion des Lichtes an dieser Grenze beobachtet. Strenggenommen muß man beide Erscheinungen (die Lichtbrechung und die Lichtreflexion) *gemeinsam* betrachten. Anschaulich wurde das von dem hervorragenden französischen Wissenschaftler August Fresnel (1788–1827) demonstriert, der das Verhältnis der Intensitäten des gebrochenen und des reflektierten Lichtbündels unter Berücksichtigung der Intensität des einfallenden Lichtbündels, des Einfallswinkels sowie der Polarisation des Lichtes fand. Diese Beziehungen sind heute als

Fresnelsche Formeln bekannt; sie haben ihre Form auch in der modernen Optik erhalten.

Die Fresnelschen Formeln überschreiten den Rahmen dieses Buches, da man für ihre Erklärung die elektromagnetische Theorie des Lichtes benötigt. Außerdem erfordert eine solche Eigenschaft des Lichtes wie die Polarisation spezielle Ausführungen. Deshalb begnügen wir uns mit rein qualitativen Bemerkungen über den Zusammenhang der Intensitäten des gebrochenen und des reflektierten Lichtbündels für den Fall, daß das Licht aus einem Medium mit einer größeren in ein Medium mit einer geringeren Brechzahl (anders ausgedrückt, aus einem optisch dichteren in ein optisch weniger dichtes Medium) übergeht. Dieser Fall ist besonders interessant, da er zur *inneren Totalreflexion* führt.

ders da er zur *inneren Totalreflexion* führt.

In Abb. 1.13 sind vier verschiedene Fälle dargestellt, die

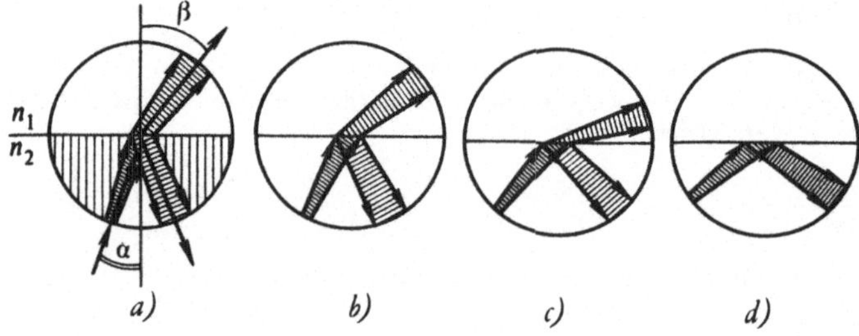

Abb. 1.13

verschiedenen Einfallswinkeln α des Lichtes entsprechen. Das Licht fällt auf die Grenze zwischen den Medien mit den Brechzahlen n_1 und n_2 und geht dabei aus dem Medium mit n_2 in das Medium mit n_1 über, wobei $n_2 > n_1$ sein soll. Mit wachsendem Einfallswinkel nimmt die Intensität des gebrochenen Strahls ab und die des reflektierten Strahls zu. Erreicht der Einfallswinkel bei ständiger Zunahme den Wert

$$\alpha_0 = \arcsin\left(\frac{n_1}{n_2}\right), \tag{1.26}$$

so nimmt der Brechungswinkel β den Wert 90° an. Das folgt unmittelbar aus dem Brechungsgesetz. Der Winkel α_0 heißt *Grenzwinkel*. Mit Annäherung von α an α_0 wird die Intensität des gebrochenen Lichtbündels kleiner und erreicht schließlich für $\alpha = \alpha_0$ den Wert Null. Bei $\alpha \gtrless \alpha_0$ wird das Lichtbündel vollständig an der Grenze reflektiert (Abb. 1.13d). In diesem Fall spricht man von der inneren Totalreflexion des Lichtes.

Unterstreichen wir: Man darf nicht behaupten, daß sich der gebrochene Strahl mit Erreichen des Grenzwinkels sprungartig in den reflektierten Strahl „umwandelt". In Wirklichkeit gibt es hier keinen Sprung. Mit Annäherung des Winkels α an den Grenzwinkel nimmt die Intensität des gebrochenen Strahls *stetig* ab und erreicht den Wert Null, wobei gleichzeitig die Intensität des reflektierten Strahls *stetig* zunimmt und die Größe der Intensität des einfallenden Lichtstrahls erreicht. In diesem Zusammenhang wollen wir nochmals die Aufmerksamkeit auf die Notwendigkeit lenken, die Lichtbrechung und die Lichtreflexion gleichzeitig zu betrachten.

Es sei betont, daß die innere Totalreflexion idealer (vollständiger) ist als die Reflexion an einem speziell hergestellten Metallspiegel, bei der immer Energieverluste des einfallenden Lichtstrahls auftreten.

Mit der Erscheinung der inneren Totalreflexion wird ein Taucher konfrontiert, der sich unter Wasser befindet. Lösen wir die folgende Aufgabe. *Ein Taucher der Körpergröße h steht auf dem Grund eines Wasserreservoirs der Tiefe H. Gesucht wird der minimale Abstand zwischen dem Punkt, auf dem der Taucher steht, und den Punkten auf dem Grund, die er infolge der inneren Reflexion an der Wasseroberfläche sehen kann. Die Brechzahl von Wasser ist 4/3.*

Wir bezeichnen den gesuchten Abstand mit L; A ist der nächste Punkt des Bodens, den der Taucher infolge der inneren Totalreflexion sehen kann. Der Verlauf des Lichtstrahls vom Punkt A zum Auge des Tauchers ist in Abb. 1.14 abgebildet. Der Grenzwinkel α_0 wird durch die Beziehung

$$\sin \alpha_0 = \frac{1}{n} \tag{1.27}$$

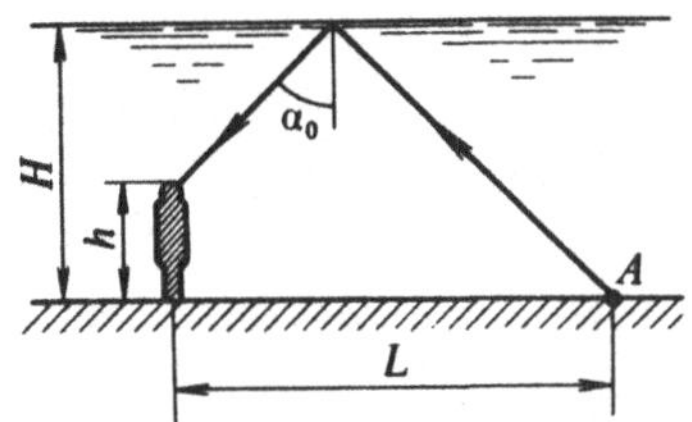

Abb. 1.14

bestimmt. Aus der Abbildung wird ersichtlich, daß

$$L = h \tan \alpha_0 + 2(H - h)\tan \alpha_0. \tag{1.28}$$

Unter Berücksichtigung von $\tan \alpha_0 = \sin \alpha_0/\sqrt{1 - \sin^2 \alpha_0}$ und Gl. (1.27) können wir Gl. (1.28) in die Form $L = (2H - h)/\sqrt{n^2 - 1}$ bringen, wodurch wir folgendes Ergebnis erhalten: $L = (3/\sqrt{7})(2H - h)$.

1.11. Graphische Methode der Konstruktion der gebrochenen Strahlen

Es existiert eine ziemlich einfache Methode der praktischen Konstruktion von gebrochenen Lichtstrahlen. Diese Methode wird in Abb. 1.15 illustriert. Der obere Teil der Abbildung entspricht dem Fall, daß das Licht aus dem Medium mit der kleineren Brechzahl n_1 in das Medium mit der größeren Brechzahl n_2 übergeht; der untere Teil der Abbildung entspricht dem umgekehrten Fall. In der Abbildung wurden $n_1 = 1{,}4$ und $n_2 = 1{,}8$ gewählt.

Beginnen wir mit dem oberen Teil der Abbildung. Es sind zwei Kreise mit dem gemeinsamen Mittelpunkt O auf der Grenze zwischen den Medien eingezeichnet. Das Verhältnis der Radien dieser Kreise entspricht dem Verhältnis der Brechzahlen der Medien. Der Kreis 1 sei der mit dem zu n_1 proportionalen Radius und der Kreis 2 der mit dem zu n_2 proportionalen Radius. Wir zeichnen den mit dem Einfallswinkel α einfallenden Lichtstrahl ein. Er schneidet den Kreis 1 im Punkt A. Wir legen durch den Punkt A eine horizontale Gerade und erhalten den Punkt B als zweiten Schnittpunkt dieser Geraden mit dem Kreis 1. Danach zeichnen

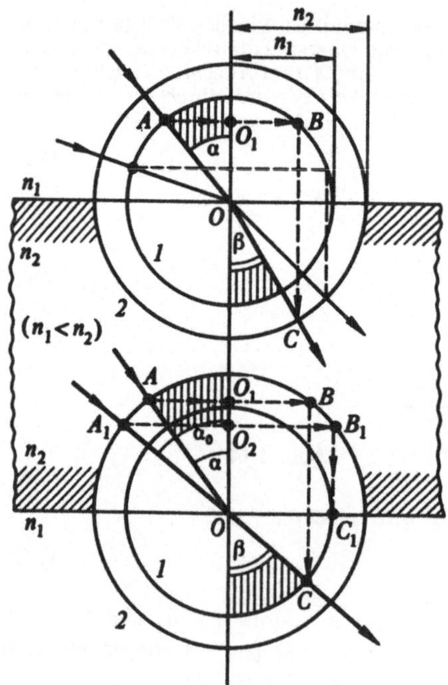

Abb. 1.15

wir durch den Punkt B die Vertikale bis zu deren Schnittpunkt mit dem Kreis 2 (Punkt C). Der gesuchte gebrochene Strahl verläuft durch den Punkt C. Will man sich davon überzeugen, genügt es, sich die folgenden Beziehungen anzuschauen:

$$\sin \alpha = \frac{\overline{AO_1}}{\overline{AO}}; \quad \sin \beta = \frac{\overline{O_1 B}}{\overline{OC}};$$

$$\frac{\sin \alpha}{\sin \beta} = \frac{\overline{OC}}{\overline{AO}} = \frac{n_2}{n_1}.$$

Analoge Überlegungen muß man für den im unteren Teil der Abbildung dargestellten Fall anstellen. Dort sind die gleichen zwei Kreise 1 und 2 eingezeichnet. Die Punkte A und B befinden sich jetzt nicht mehr auf dem Kreis 1, sondern auf dem Kreis 2, und der Punkt C befindet sich auf dem Kreis 1 und nicht auf dem Kreis 2. Wir nehmen jetzt an, daß der einfallende Strahl unter einem solchen Winkel verläuft (Winkel α_0), für den der Abschnitt vom Schnittpunkt des Strahls mit dem Kreis 2 bis zur Senkrechten $\overline{OO_1}$ (Abschnitt $\overline{A_1 O_2}$) gleich dem Radius des Kreises 1 ist. In diesem Fall müßte der gebrochene Strahl durch den Punkt C_1 verlaufen. Der Winkel α_0 ist der Grenzwinkel:

$$\sin \alpha_0 = \overline{A_1 O_2} / \overline{A_1 O} = n_1/n_2.$$

1.12. Die Wawilow-Tscherenkow-Strahlung und die Gesetze der Lichtbrechung und der Lichtreflexion

Zum Abschluß betrachten wir eine recht interessante *Analogie* zwischen den Gesetzen der Lichtbrechung und der Lichtreflexion einerseits und den Gesetzmäßigkeiten, denen die Wawilow-Tscherenkow-Strahlung unterliegt, andererseits. Bekanntlich besteht der 1934 entdeckte *Wawilow-Tscherenkow-Effekt* darin, daß ein Elektron, das sich in einem Medium mit einer größeren Geschwindigkeit als die für dieses Medium geltende Lichtgeschwindigkeit bewegt, eine spezifische Strahlung (die Wawilow-Tscherenkow-Strahlung) hervorruft. Die Front dieser Strahlung kann man mit Hilfe des Huygensschen Prinzips konstruieren. In Abb. 1.16 sind vier aufeinanderfolgende Lagen des sich bewegenden Elektrons dargestellt: A, B, C, D ($\overline{AB} = \overline{BC} = \overline{CD}$). Das Elektron bewegt sich mit der Geschwindigkeit u und legt die Entfernung zwischen A und D in der Zeit $\Delta t = \overline{AD}/u$ zurück. Jeden Punkt der Elektronenbahn kann man als Quelle einer kugelförmigen Lichtwelle betrachten, die im Moment des Durchgangs des

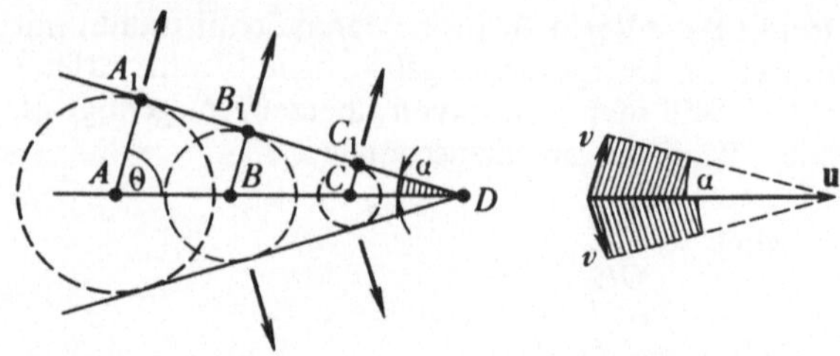

Abb. 1.16

Elektrons durch diesen Punkt zu wirken beginnt. Die durch das Elektron hervorgerufenen Lichtwellen breiten sich mit der Geschwindigkeit v aus. (Es sei daran erinnert, daß im betrachteten Fall $v < u$ gilt.) Die Fronten dieser Wellen sind in der Abbildung für den Moment dargestellt (durch Kreise), in dem das Elektron den Punkt D erreicht. Die Radien der dargestellten Kreise sind $\overline{AA_1} = v\,\Delta t$, $\overline{BB_1} = 2v\,\Delta t/3$, $\overline{CC_1} = v\,\Delta t/3$. Die Tangenten an die Fronten der kugelförmigen Wellen sind gerade Linien ($\overline{A_1 D}$ und $A_2 D$), die mit der Bewegungsrichtung des Elektrons den Winkel α bilden. Man kann leicht erkennen, daß dieser Winkel der Beziehung

$$\sin \alpha = \frac{\overline{AA_1}}{\overline{AD}} = \frac{v}{u} \qquad (1.29)$$

genügt. Die betrachtete Strahlung wird also durch zwei ebene Wellen realisiert, die sich im Winkel von $\theta = 90° - \alpha$ zur Bewegungsrichtung des Elektrons ausbreiten.

Es ist interessant, daß die Bedingung (1.29) für die Wawilow-Tscherenkow-Strahlung nicht nur auf sich schnell durch das Medium bewegende Elektronen angewandt werden kann, sondern auch auf jede andere „sich mit Überlichtgeschwindigkeit bewegende" Quelle. Nehmen wir an, daß auf die Grenze zwischen zwei Medien mit den Brechzahlen $n_1 = c/v_1$ und $n_2 = c/v_2$ eine ebene Lichtwelle unter dem Winkel α einfällt (Abb. 1.17). Der Punkt A sei die Spur der Schnittlinie zwischen der Front der einfallenden Lichtwelle und der Grenzfläche der beiden Medien. Dieser Punkt bewegt sich entlang der x-Achse (entlang der Mediengrenze) mit der Geschwindigkeit

$$v' = \frac{v_1}{\sin \alpha}. \qquad (1.30)$$

Die Geschwindigkeit v' ist sowohl im Medium 1 als auch im Medium 2 größer als die Lichtgeschwindigkeit in diesen Medien. (Das letztere ist nur in den Fällen nicht erfüllt, für die $n_1 > n_2$ und der Einfallswinkel größer als der Grenzwinkel ist.) Im Medium

28

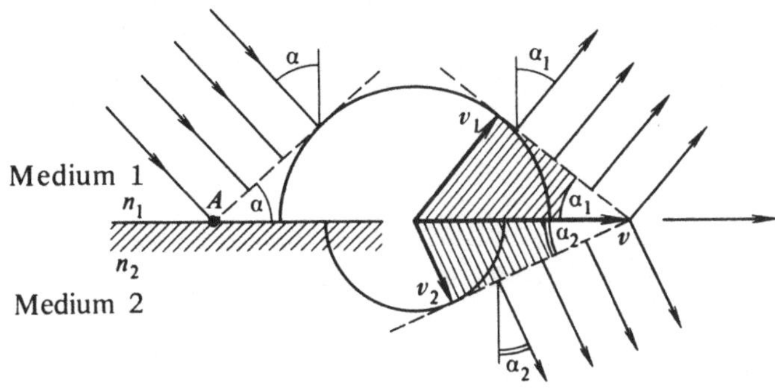

Abb. 1.17

1 und im Medium 2 wird daher die Wawilow-Tscherenkow-Strahlung erzeugt. Die Fronten dieser Strahlung bilden mit der x-Achse
die Winkel α_1 (im Medium 1) und α_2 (im Medium 2). Diese Winkel
sind verschieden groß, da die Lichtgeschwindigkeiten in den
betrachteten Medien unterschiedlich sind. Entsprechend Gl. (1.29)
kann man schreiben:

$$\sin \alpha_1 = \frac{v_1}{v'}\,; \tag{1.31}$$

$$\sin \alpha_2 = \frac{v_2}{v'}. \tag{1.32}$$

Setzen wir Gl. (1.30) in Gl. (1.31) ein, so erhalten wir $\sin \alpha_1 = \sin \alpha$,
d. h., wir gelangen zum Gesetz der Lichtreflexion. Setzen wir Gl.
(1.30) in Gl. (1.32) ein, so erhalten wir $\sin \alpha_2 = (v_2/v_1)\sin \alpha$, was
dem Gesetz der Lichtbrechung entspricht. Somit wird eine
interessante Analogie zwischen der Erscheinung der Wawilow-
Tscherenkow-Strahlung und den Erscheinungen der Lichtreflexion
und der Lichtbrechung an der Grenze zwischen zwei Medien deutlich. (Auf diese Analogie verwies I. M. Frank.) Die Reflexion und
die Brechung von Lichtwellen kann man wie die Wawilow-
Tscherenkow-Strahlung betrachten, die in aneinandergrenzen-
den Medien durch eine sich mit „Überlichtgeschwindigkeit"
bewegende Quelle erzeugt wird. Diese Quelle ist die sich schnell
fortbewegende Schnittlinie zwischen der Front der einfallenden
Lichtwelle und der Grenzfläche der Medien.
Ist $n_2 < n_1$ und erfüllt der Einfallswinkel des Lichtes an der Grenze
die Bedingung $\sin \alpha > n_2/n_1$, so wird die nach der Beziehung (1.30)
definierte Geschwindigkeit v' im Medium 2 kleiner als die Licht-

geschwindigkeit sein. In diesem Fall gilt $v_1 < v' < v_2$. Daher wird die Wawilow-Tscherenkow-Strahlung nur im Medium 1 erzeugt, was, wie man sich leicht vorstellen kann, der inneren Totalreflexion entspricht.

2. Zu welchen optischen Täuschungen führt die Lichtbrechung in der Erdatmosphäre?

2.1. Die atmosphärische Lichtbrechung (Refraktion); der Brechungs- (Refraktions-)winkel

Im vorangegangenen Kapitel setzten wir voraus, daß die Lichtgeschwindigkeit in der Luft gleich der Lichtgeschwindigkeit im Vakuum sei, d. h., wir setzten die Brechzahl von Luft gleich 1. In Wirklichkeit gilt eine solche Annahme nur näherungsweise. Sie ist berechtigt, wenn man den Übergang eines Lichtstrahls durch die Grenze zwischen Luft und Wasser oder zwischen Luft und Glas betrachtet. Sie ist aber unberechtigt für die Betrachtung der Lichtausbreitung in der Erdatmosphäre. Dabei muß nicht nur berücksichtigt werden, daß die Brechzahl etwas größer als 1 ist, sondern auch, daß sie sich von Punkt zu Punkt ändert entsprechend den Änderungen der Luftdichte. Die Atmosphäre ist ein optisch inhomogenes Medium, wodurch die Bahn eines Lichtstrahls in der Atmosphäre strenggenommen immer in einem bestimmten Maße gekrümmt ist. Die Krümmung der Lichtstrahlen beim Durchlaufen der Atmosphäre nennt man *Refraktion* in der Atmosphäre. Man unterscheidet zwischen der *astronomischen* und der *terrestrischen* Refraktion. Im ersten Fall betrachtet man die Krümmung der von Himmelskörpern (Sonne, Mond, Sterne) ausgehenden und den irdischen Beobachter erreichenden Lichtstrahlen. Im zweiten Fall betrachtet man die Krümmung der von irdischen Objekten ausgehenden und den Beobachter erreichenden Lichtstrahlen. In beiden Fällen kann der Beobachter infolge der Lichtkrümmung das Objekt nicht in der der Wirklichkeit entsprechenden Richtung sehen. Die Objekte können verzerrt erscheinen. Man kann sogar ein Objekt beobachten, das sich faktisch unter dem Horizont befindet. Die Refraktion in der Erdatmosphäre kann also zu eigentümlichen *optischen Täuschungen* führen.
Nehmen wir einmal an, die Atmosphäre bestehe aus einer Anzahl optisch homogener horizontaler Schichten gleicher Dicke; die Brechzahl ändere sich sprungartig von einer Schicht zur anderen und nehme in Richtung von den oberen zu den unteren Schichten

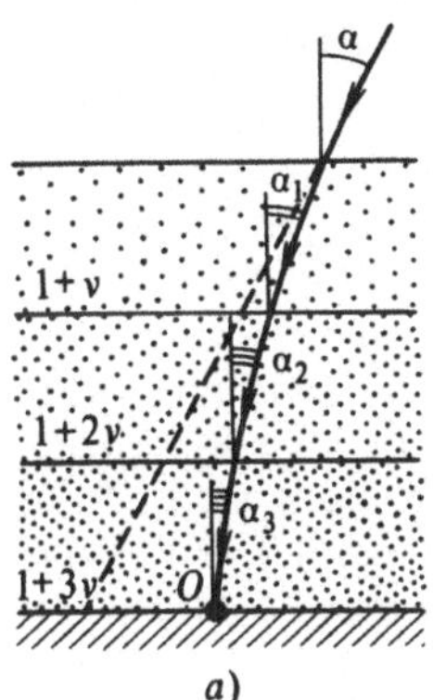
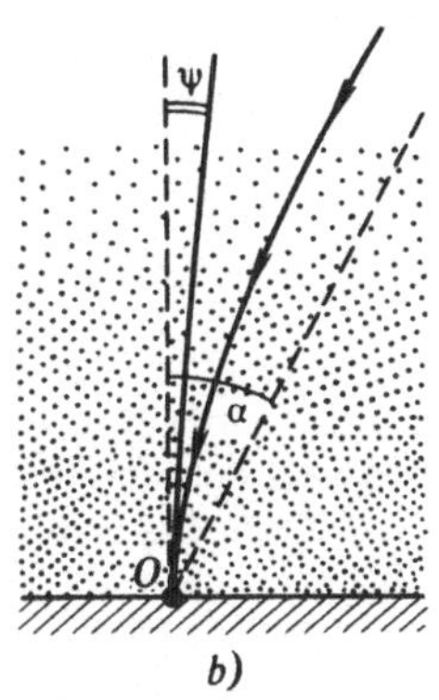

a)   *b)*   Abb. 2.1

zu. Eine solche rein gedankliche Situation wird in Abb. 2.1a gezeigt, in der die Atmosphäre durch 3 Schichten mit den Brechzahlen $1 + \nu$, $1 + 2\nu$, $1 + 3\nu$, (mit $\nu \ll 1$) dargestellt ist. Die Bahn eines Lichtstrahls, der den irdischen Beobachter von einem Himmelskörper aus erreicht, ist in diesem Fall eine mehrfach geknickte Linie, wobei gilt:

$$\frac{\sin \alpha}{\sin \alpha_1} = 1 + \nu;$$

$$\frac{\sin \alpha_1}{\sin \alpha_2} = \frac{1 + 2\nu}{1 + \nu};$$

$$\frac{\sin \alpha_2}{\sin \alpha_3} = \frac{1 + 3\nu}{1 + 2\nu}.$$

In Wirklichkeit ändert sich die Dichte der Atmosphäre und somit auch die Brechzahl nicht sprungartig mit der Höhe, sondern stetig. Deshalb ist die Bahn des Lichtstrahls nicht geknickt, sondern gekrümmt. Eine solche Bahn ist in Abb. 2.1b dargestellt. Nehmen wir an, der in der Zeichnung abgebildete Strahl erreiche den Beobachter von einem Himmelskörper aus. Würde keine Refraktion wirken, so wäre das Objekt dem Beobachter unter dem Winkel α sichtbar. (Der Winkel α wird in bezug auf die Vertikale betrachtet. Er wird als Zenitabstand des Objektes bezeichnet.) Infolge der Refraktion sieht der Beobachter das Objekt aber nicht unter dem Winkel α, sondern unter dem Winkel ψ. Da $\psi < \alpha$, scheint das Objekt höher über dem Horizont zu stehen, als das in der Realität der Fall ist. Anders ausgedrückt, der beobachtete Zenitabstand eines Objektes ist kleiner als der wirkliche Zenitabstand. Die Differenz $\Omega = \alpha - \psi$ wird *Refraktions- oder Brechungswinkel* genannt.

31

2.2. Frühere Vorstellungen über die Refraktion in der Atmosphäre

Die ersten Andeutungen über die Refraktion in der Atmosphäre gehen offensichtlich bis in das 1. Jh. u. Z. zurück. In der bereits zitierten Arbeit von Kleomedes „Die zyklische Theorie der Meteore" lesen wir: „Ist es etwa nicht möglich, daß ein Lichtstrahl beim Durchgang durch feuchte Luftschichten gekrümmt wird, wodurch die Sonne noch über dem Horizont zu sein scheint, obwohl sie in Wirklichkeit bereits hinter dem Horizont ist?" Im 2. Jh. u. Z. verwies Ptolemäus zutreffend darauf, daß keine Refraktion für ein Objekt existiert, das sich im Zenit befindet. Die Refraktion nimmt stetig in dem Maße zu, wie sich das Objekt der Horizontlinie nähert (d. h. in dem Maße, wie der Zenitabstand wächst).

Interesse an der Refraktion zeigte der führende arabische Gelehrte aus dem 11. Jh. Ibn Al-Haitam, der unter dem Namen Alhazen bekannt ist. Er bemerkte, daß der Taganteil des 24-Stunden-Tages infolge der Lichtrefraktion etwas zunimmt. Diese Zunahme des Tages ausnutzend, versuchte Alhazen, die Höhe der Erdatmosphäre zu berechnen.

2.3. Die Refraktion nach Kepler

Der berühmte deutsche Gelehrte Johann Kepler (1571–1630) erarbeitete in seinem bescheiden mit „Ergänzungen zu Witelo" überschriebenen Werk eine Theorie der Refraktion unter der Voraussetzung, daß die Atmosphäre eine homogene Schicht einer bestimmten Dicke H ist, die in allen Höhen die *gleiche* Dichte besitzt. Man darf sich über eine solche Voraussetzung nicht wundern, da man zu Keplers Zeiten die Luft als schwerelos betrachtete. Es vergeht noch fast ein halbes Jahrhundert, bis Torricelli beweisen kann, daß der Luftdruck mit zunehmender Höhe abnimmt.

Die Refraktion in der Atmosphäre nach Kepler ist in Abb. 2.2 dargestellt; R ist der Erdradius, H die Höhe der die Atmosphäre bildenden Luftschicht. $\Omega = \alpha_1 - \alpha_2$ ist der Refraktionswinkel. Der in der Abbildung eingezeichnete Lichtstrahl wird nur beim Eintritt in die Atmosphärenschicht gebrochen (im Punkt A). Wenden wir auf das Dreieck O_1OA das Sinustheorem an, so erhalten wir $\overline{O_1A}/\sin(180° - \psi) = \overline{O_1O}/\sin\alpha_2$ oder anders $(R + H)/\sin\psi = R/\sin\alpha_2$. Mit $\alpha_2 = \alpha_1 - \Omega$ erhalten wir

$$\sin(\alpha_1 - \Omega) = \frac{R\sin\psi}{R + H}. \tag{2.1}$$

Von den Abschätzungen von Alhazen ausgehend, nahm Kepler $H/R = 0,014$ an und berechnete mit Gl. (2.1) für $\psi = 90°$ den Winkel $\alpha_1 - \Omega$. Dieser Winkel betrug $80° \, 29'$, d. h., er war bedeutend kleiner, als es nach den damals bekannten experimentellen Werten zu erwarten war. Um eine Übereinstimmung mit den Beobachtungswerten zu erhalten, mußte man in Gl. (2.1) einen erheblich kleineren Wert für H/R ansetzen (ungefähr 0,001). Kepler zog daraus den Schluß, daß die Refraktion nur durch den Teil der Atmosphäre verursacht wird, der unmittelbar an die Erdoberfläche angrenzt und der eine Höhe von nicht mehr

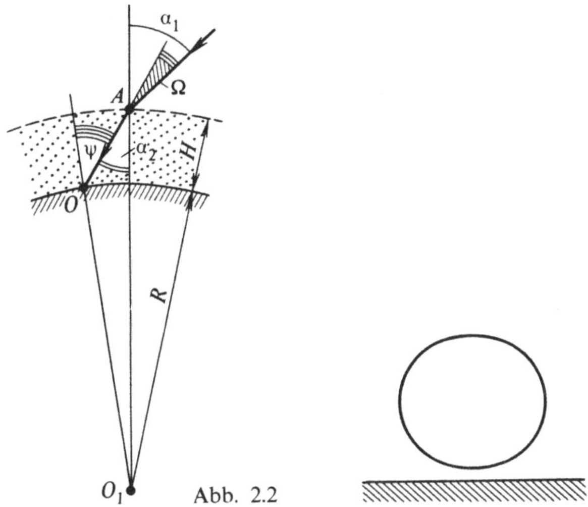

Abb. 2.2   Abb. 2.3

als 5 km besitzt. Man kann sagen, Kepler hatte den Schlüssel zur Entdeckung der Abnahme der Luftdichte mit zunehmender Höhe in der Hand; aber er vollzog den entscheidenden Schritt nicht. Entsprechend heutiger Werte beträgt der *maximale* Refraktionswinkel (der Refraktionswinkel für $\psi = 90°$) $35'$. Wenn wir uns an einem Sonnenuntergang am Meer erfreuen und beobachten, wie der untere Sonnenrand den Horizont berührt, wissen wir gewöhnlich nicht, daß sich in Wirklichkeit der untere Sonnenrand in diesem Moment bereits um $35'$ *unterhalb* der Horizontlinie befindet. Interessant ist, daß der obere Sonnenrand durch die Refraktion weniger angehoben wird – nur um $29'$ (da sich die Refraktion mit abnehmendem Zenitabstand verringert). Deshalb erscheint die untergehende Sonne in der Vertikalen etwas abgeflacht (Abb. 2.3).

33

Stellen wir uns für einen Moment folgende Situation vor: Wir sind Zeitgenossen von Kepler, wissen aber, daß für $\psi = 90°$ der Refraktionswinkel $\Omega = 35'$ beträgt. Uns ist die Brechzahl von Luft in der Nähe der Erdoberfläche bekannt: $n = 1 + v$ mit $v = 2{,}92 \cdot 10^{-4}$. Dieser Wert entspricht einer Temperatur von 15 °C bei normalem Luftdruck.

Wir verwenden das Keplersche Modell der homogenen Atmosphäre und berechnen das Verhältnis H/R der Höhe der Atmosphäre zum Radius der Erdkugel. Wir lösen also, mit anderen Worten, folgende Aufgabe: *Die Atmosphäre als optisch homogenes Medium vorausgesetzt und mit Kenntnis der Brechzahl $1 + v = 1 + 2{,}92 \cdot 10^{-4}$, ist das Verhältnis der Atmosphärenhöhe zum Radius der Erdkugel zu berechnen, wobei bekannt ist, daß der maximale Refraktionswinkel $35'$ beträgt.*

Die in der Aufgabe betrachtete Situation ist in Abb. 2.4 dargestellt.

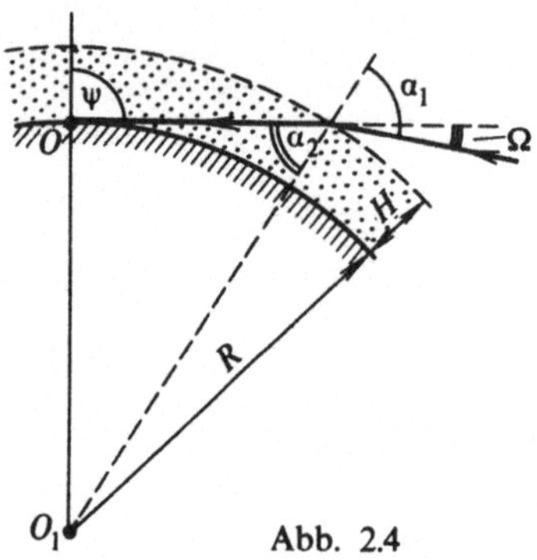

Abb. 2.4

Führen wir die Bezeichnung $H/R = \xi$ ein und setzen $\psi = 90°$, so können wir Gl. (2.1) in der Form

$$\sin(\alpha_1 - \Omega) = \frac{1}{1 + \xi} \tag{2.2}$$

schreiben. Ergänzen wir diese Beziehung durch das Brechungsgesetz an der Atmosphärengrenze

$$\frac{\sin \alpha_1}{\sin(\alpha_1 - \Omega)} = 1 + v, \tag{2.3}$$

so erhalten wir das Gleichungssystem

$$\left. \begin{array}{l} \sin(\alpha_1 - \Omega) = \gamma, \\ \sin \alpha_1 = (1 + v)\gamma \end{array} \right\} \tag{2.4}$$

mit $\gamma = 1/(1 + \xi)$. Unter Benutzung der Formel für den Sinus einer Differenz zwischen zwei Winkeln formen wir die erste Gleichung des Systems (2.4) um:

$$\sin \alpha_1 \cos \Omega = \sin \Omega \sqrt{1 - \sin^2 \alpha_1} = \gamma.$$

Setzen wir jetzt $\sin \alpha_1$ aus der zweiten Gleichung des Systems (2.4) ein,

34

erhalten wir

$$(1 + \nu)\,\gamma \cos \Omega - \gamma = \sin \Omega \sqrt{1 - (1 + \nu)^2 \gamma^2}. \tag{2.5}$$

Da der Winkel Ω recht klein ist, können wir die Näherungen (1.18) und (1.22) benutzen:

$$\sin \Omega = \Omega, \quad \cos \Omega = 1 - \frac{\Omega^2}{2}, \tag{2.6}$$

womit Gl. (2.5) umgeformt werden kann zu

$$\left(\nu - \frac{\Omega^2}{2} \right) \gamma = \Omega \sqrt{1 - (1 + 2\nu)\,\gamma^2}. \tag{2.7}$$

(Wir verwendeten dabei, daß $\nu \ll 1$ und daher $(1 + \nu)^2 = 1 + 2\nu$ gilt.) Es soll betont werden, daß der Winkel Ω in Gl. (2.6) nicht in Grad oder Minuten gemessen wird, sondern in Bogenmaß. Bei der Umrechnung von $35' = (7/12)°$ in Bogenmaß verwenden wir die Proportion

$$\frac{\pi}{180} = \frac{\Omega}{7/12}, \tag{2.8}$$

womit wir $\Omega = 1{,}02 \cdot 10^{-2}$ in Bogenmaß erhalten.
Quadrieren wir beide Seiten der Gl. (2.7) und führen dann einfache algebraische Umformungen aus, so erhalten wir

$$\frac{1}{\gamma^2} = 1 + \nu + \left(\frac{\nu}{\Omega} \right)^2 + \left(\frac{\Omega}{2} \right)^2. \tag{2.9}$$

Da $1/\gamma^2 = (1 + \xi)^2 = 1 + 2\xi$ ist, erhalten wir schließlich

$$2\xi = \nu + \left(\frac{\nu}{\Omega} \right)^2 + \left(\frac{\Omega}{2} \right)^2. \tag{2.10}$$

Setzen wir in Gl. (2.10) $\nu = 2{,}92 \cdot 10^{-4}$ und $\Omega = 1{,}02 \cdot 10^{-2}$ ein, ergibt sich $\xi = 5{,}7 \cdot 10^{-4}$. Nehmen wir den Erdradius mit $R = 6380$ km an, so folgt daraus, daß die Höhe der Erdatmosphäre (im Rahmen des Keplerschen Modells) nur $\xi R = 3{,}64$ km betragen müßte.

Dieses Resultat soll uns nicht verwundern, nimmt doch in Wirklichkeit die Dichte der Luft und somit auch die Brechzahl mit wachsender Höhe stetig ab. Das wurde von dem großen englischen Gelehrten Isaac Newton (1643–1727) schon gut erfaßt.

2.4. Rekonstruktion der Newtonschen Refraktionstheorie nach seinem Briefwechsel mit Flamsteed

Newton leistete einen außerordentlich großen Beitrag zur Entwicklung der Theorie der astronomischen Refraktion. Leider sind seine Forschungen auf diesem Gebiet weder in den „Lectiones Opticae et Geometriae" noch in den „Opticks" enthalten. Der in Fragen der wissenschaftlichen Publikationen überaus peinlich ge-

3*

naue Newton unterschätzte die Bedeutung der von ihm berechneten Tabelle der Refraktion. In einem seiner Briefe aus dem Jahre 1695 kann man folgende Zeilen lesen: „Ich habe nicht die Absicht, über die Refraktion zu schreiben, und wünsche es nicht, daß die Refraktionstabelle verbreitet wird." Heute können wir uns mit den Forschungen Newtons zur Refraktion nur dank eines glücklichen Zufalls vertraut machen. Über hundert Jahre nach dem Tod des großen Gelehrten wurden 1832 27 von Newton an Flamsteed gerichtete Briefe auf dem Dachboden eines Londoner Hauses gefunden. Flamsteed beschäftigte sich mit astronomischen Beobachtungen am Observatorium von Greenwich; er trug den Titel „Königlicher Astronom", der ihm vom englischen König Karl II. verliehen wurde. Der Briefwechsel zwischen Newton und Flamsteed begann 1680 aus Anlaß eines in diesem Jahr zu beobachtenden Kometen. Dieser Briefwechsel wurde zu Beginn der 90er Jahre besonders rege, als Newton eine genauere Theorie der Mondbewegung erarbeitete und dabei Resultate von astronomischen Beobachtungen verwendete. Mitte der 90er Jahre legte Newton in Briefen an Flamsteed einige die Theorie der Refraktion in der Atmosphäre betreffende Theoreme dar, ebenso eine erste und danach eine verbesserte Refraktionstabelle, in der für verschiedene Werte des Zenitabstandes die Refraktionswinkel berechnet sind.

Im Jahre 1835 wurde von der englischen Admiralität der Briefwechsel zwischen Newton und Flamsteed herausgegeben; aber das Buch wurde nicht verkauft, sondern an verschiedene wissenschaftliche Einrichtungen und berühmte Astronomen verschickt. In den 30er Jahren unseres Jahrhunderts kaufte der bekannte sowjetische Wissenschaftler auf dem Gebiet des Schiffbaus A. N. Krylow für 2,5 Schillinge dieses Buch zufällig in einem Londoner Antiquariat. Krylow war bestens vertraut mit dem Schaffen Newtons; er übersetzte z. B. die Newtonsche Arbeit „Der mathematische Ursprung der Naturphilosophie" ins Russische. Krylow benutzte die Briefe Newtons an Flamsteed, verwendete nur die zur Zeit Newtons verbreiteten mathematischen Mittel und ließ damit die Beweise und Schlußfolgerungen des großen englischen Gelehrten wieder auferstehen. Sie sind in dem 1935 in Russisch erschienenen Buch „Die Newtonsche Refraktionstheorie" dargelegt. Im Schlußteil dieser Arbeit schrieb Krylow: „In all diese Einzelheiten bin ich nur eingedrungen, um zu zeigen, wie vollständig und allgemein die Ende 1694/Anfang 1695 von Newton geschaffene Theorie der astronomischen Refraktion ist, die er aber leider nicht veröffentlichte. Benutzt man zur Entwicklung der Newtonschen Theorie die gleichen elementaren Methoden der Analysis, die Newton beherrschte, und vergleicht man sie mit heutigen Theorien, so wird leicht deutlich, wie einfach und natürlich diese Darlegung ist und wie wenig dazu in 240 Jahren eigentlich ergänzt wurde." Gehen wir zur Newtonschen Theorie der astronomischen Refraktion über, und beginnen wir mit dem am 24. Oktober 1694 datierten Brief Newtons an Flamsteed. In diesem Brief schrieb Newton u. a.: „Ich bin der Meinung, daß die Refraktion sich leicht mit dem am Barometer angezeigten Gewicht der Luft verändert, da diese, wenn die Luft schwerer, d. h. dichter ist, stärker bricht, als wenn sie leichter und dünner ist." Zunächst nahm Newton an, daß die Luftdichte gleichmäßig (linear) von der Erdoberfläche bis zur oberen Atmosphärengrenze abnehme. Davon ausgehend, berechnete er seine erste Refraktionstabelle. Newton entdeckte einige Abweichungen zwischen den berechneten Werten und den Beobachtungsergebnissen von Flamsteed und begann an einer neuen Refraktionstabelle zu arbeiten. Er trennte sich von der Annahme des linearen Absinkens der Luftdichte mit zunehmender Höhe und setzte nunmehr voraus, daß sich die Luftdichte proportional zur Druckabnahme verringere. Der Gelehrte schrieb in diesem Zusammenhang, daß „die Luftdichte der Erdatmosphäre dem Gewicht der gesamten bedeckenden Luft proportional ist" (Brief vom 16. Februar 1695). Somit gelangte Newton faktisch zu der Schlußfolgerung, daß die Abnahme der Erdatmosphärendichte mit der Höhe einem *exponentiellen Gesetz* folgt.

2.5. Exponentialgesetz der Abnahme der Dichte der Atmosphäre mit der Höhe

In der modernen Physik schreibt man dieses Gesetz in Form der sog. *barometrischen Höhenformel*:

$$\rho(h) = \rho(0)\exp\left(-\frac{mgh}{kT}\right). \qquad (2.11)$$

Hierbei ist $\rho(h)$ die Luftdichte in der Höhe h, T die absolute Lufttemperatur, die im gegebenen Fall für alle Höhen als konstant angenommen wird, g die Fallbeschleunigung ($9{,}81$ m/s^2) und k die Boltzmannkonstante ($1{,}38 \cdot 10^{-23}$ J/K). m ist die Molekülmasse. Strenggenommen beschreibt somit die Formel (2.11) die Veränderung der Dichte mit der Höhe nur für ein definiertes Gas der Luft (Stickstoff, Wasserstoff u. dgl.). Je leichter das Gas ist, desto langsamer nimmt seine Dichte mit der Höhe ab. Die barometrische Höhenformel beschreibt die Abnahme der Dichte der Atmosphäre mit der Höhe nur in allgemeinen Zügen; sie berücksichtigt den Einfluß des Windes, die Konvektion von Luftströmungen und Temperaturänderungen nicht. Außerdem sollte die Höhe nicht zu groß sein (nicht größer als 100–200 km), damit man die Abhängigkeit der Fallbeschleunigung g von der Höhe vernachlässigen kann.

Die barometrische Höhenformel wird berechtigterweise mit dem Namen des bekannten österreichischen Physikers Ludwig Boltzmann (1844–1906) in Verbindung gebracht. Man sollte sich jedoch daran erinnern, daß die ersten Hinweise auf den exponentiellen Charakter der Abnahme der Luftdichte mit der Höhe faktisch in den Forschungen von Newton zur Refraktion in der Atmosphäre enthalten sind und von diesem großen englischen Gelehrten bei der Aufstellung der verbesserten Refraktionstabelle benutzt wurden.

Abb. 2.5 zeigt, wie sich im Prozeß der Erforschung der astronomischen Refraktion die Vorstellungen über den allge-

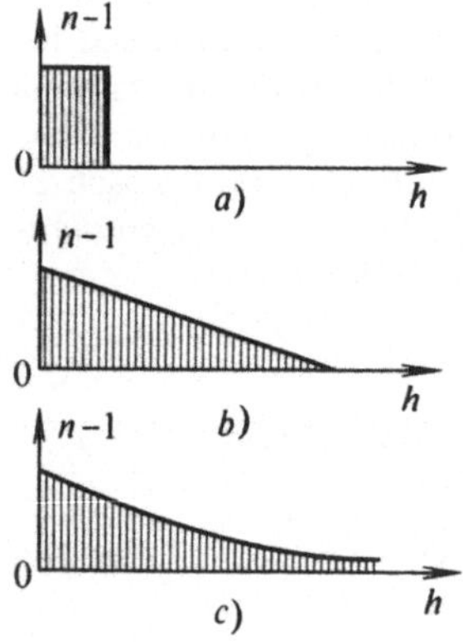

Abb. 2.5

meinen Charakter der Änderung der Brechzahl der Atmosphäre mit der Höhe konkretisierten. Der Fall a entspricht der Keplerschen Theorie, b der ursprünglichen Newtonschen Refraktionstheorie, c der verbesserten Newtonschen und der modernen

2.6. Eigentümlichkeiten bei Sonnenuntergängen; Entstehung von „blinden Streifen"

Betrachtet man die Refraktion, ist es notwendig, neben der systematischen Änderung der Luftdichte mit der Höhe noch eine Reihe von zusätzlichen Faktoren zu beachten, von denen viele einen zufälligen Charakter besitzen. Die Rede ist dabei vom Einfluß der Konvektionsströme und des Windes, der Luftfeuchtig-

keit und der Lufttemperatur in verschiedenen Punkten der Atmosphäre über unterschiedlichen Abschnitten der Erdoberfläche auf die Brechzahl der Luft. In seinen Briefen an Flamsteed wies Newton auf die Bedeutung solcher Faktoren bei der Gegenüberstellung der von ihm aufgestellten Refraktionstabelle und der Beobachtungsergebnisse hin. „Die Ursache für verschiedene Refraktionsstufen bei ein und derselben Höhe in der Nähe des Horizontes", schrieb der Gelehrte, „sehe ich in der unterschiedlichen Erwärmung der Luft in ihren unteren Schichten; wird die Luft infolge Erwärmung dünner, bricht sie weniger; wird sie durch die Kälte dichter, bricht sie stärker. Dieser Umstand wird dann stärker bemerkbar, wenn der Lichtstrahl durch die unteren Atmosphärenschichten verläuft, da nur diese Schichten durch Wärme und Kälte einmal dünner und einmal dichter werden, während die mittleren und oberen Schichten immer kalt sind."
Besonderheiten der Atmosphäre und vor allem Besonderheiten in der Erwärmung der Atmosphäre in ihren unteren Schichten über verschiedenen Abschnitten der Erdoberfläche führen zu Eigentümlichkeiten bei der Beobachtung von Sonnenuntergängen. So scheint die Sonne nicht hinter dem Horizont, sondern hinter einer unsichtbaren, oberhalb des Horizontes liegenden Linie unterzugehen (Abb. 2.6a). Diese Erscheinung kann bei vollständiger

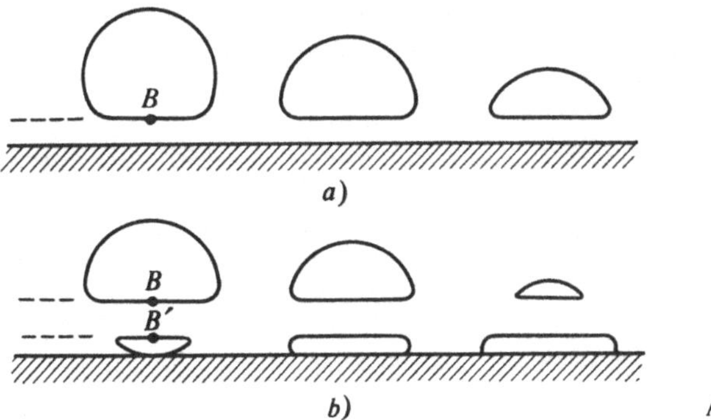

a)

b)   Abb. 2.6

Wolkenlosigkeit über dem Horizont beobachtet werden. Befindet man sich zu dieser Zeit auf der Spitze eines Hügels (in der oberen Etage eines Gebäudes, auf dem obersten Deck eines Schiffes), kann man ein noch eigenartigeres Bild beobachten: Die Sonne geht jetzt hinter dem Horizont unter, jedoch scheint die Sonnenscheibe horizontal von einem „blinden Streifen" durchschnitten zu sein, dessen Lage bezüglich des Horizontes unverändert bleibt (Abb. 2.6b).
Ein solches Bild wird dann beobachtet, wenn die Luft unmittelbar

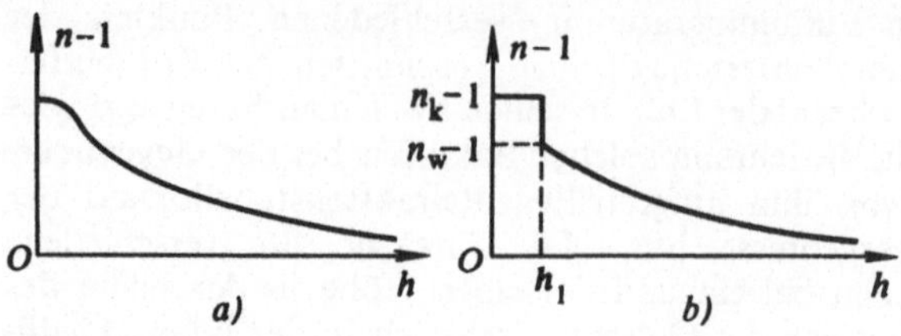

Abb. 2.7

über der Erdoberfläche kalt ist, sich darüber aber eine relativ warme Luftschicht befindet. In diesem Fall ändert sich die Brechzahl von Luft ungefähr so, wie es in Abb. 2.7a dargestellt ist; der Übergang von der unteren kalten Luftschicht zur darüberliegenden warmen Luftschicht kann mit einem rapiden Abfall der Brechzahl verbunden sein. Nehmen wir der Einfachheit halber an, dieser Abfall erfolge sprungartig und zwischen der kalten und der warmen Luftschicht existiere eine scharf ausgebildete Grenzfläche, die sich in einer bestimmten Höhe h_1 über der Erdoberfläche befindet (Abb. 2.7b). In der Abbildung wird mit n_k die Brechzahl der kalten Luftschicht und mit n_w die Brechzahl der Luft in der warmen Schicht in der Nähe der Grenzfläche bezeichnet.

Das in Abb. 2.7b dargestellte Modell wurde in Abb. 2.8 verwendet, die einen Teil der Erdoberfläche und die sie berührende kalte Luftschicht der Höhe h_1 zeigt. (Die Maßstäbe sind in der Zeichnung notwendigerweise verändert, ist doch in Wirklichkeit die Höhe h_1 ungefähr 100 000 mal (!) kleiner als der Erdradius R.) Der Beobachter befindet sich im Punkt O. Der von einem Himmelskörper ausgehende, den Beobachter erreichende Lichtstrahl CO wird im Punkt C, der Grenze zwischen Kalt- und Warmluft, gebrochen; dabei gilt

$$\frac{\sin \alpha_1}{\sin \alpha_2} = \frac{n_k}{n_w} = 1 + \nu \qquad (2.12)$$

mit $\nu = (n_k - n_w)/n_w$. (Es ist offensichtlich, daß $\nu \ll 1$ ist.) Die Beziehung zwischen dem Winkel ψ (dem Zenitabstand) und dem Brechungswinkel α_2 erhält man durch das auf das Dreieck O_1OC angewendete Sinustheorem: $\overline{O_1O}/\sin \alpha_2 = \overline{O_1C}/\sin (180° - \psi)$ bzw.

$$\sin \alpha_2 = \frac{\sin \psi}{1 + \xi} \qquad (2.13)$$

mit $\xi = h_1/R$. (Die Gl. (2.13) folgt unmittelbar aus Gl. (2.1).) Aus Gl. (2.13) ist ersichtlich, daß bei Zunahme des Zenitabstandes ψ von

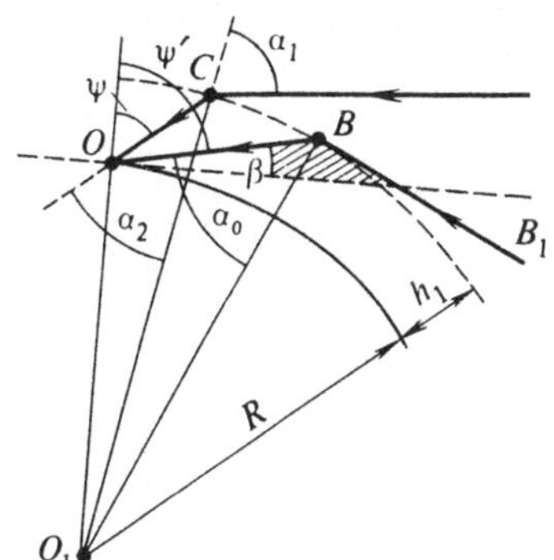

Abb. 2.8

0 auf 90° der Winkel α_2 anwächst und bei $\psi = 90°$ seinen Maximalwert erreicht.

Wir erhöhen schrittweise, von Null beginnend, den Winkel ψ; dabei wächst der Winkel α_2 an. Nehmen wir an, bei einem bestimmten Wert ψ' des Winkels ψ sei der Winkel α_2 gleich dem Grenzwinkel α_0, der die innere Totalreflexion an der Grenze zwischen den kalten und den warmen Schichten charakterisiert. In diesem Fall gilt $\sin \alpha_1 = 1$. In Abb. 2.8 entspricht dem Winkel α_0 der Strahl BO; er bildet mit der Horizontalen den Winkel $\beta = 90° - \psi'$. Es ist klar, daß die Strahlen, die in die kalte Schicht in den Punkten eintreten, deren Winkelhöhe über dem Horizont kleiner ist als die Winkelhöhe des Punktes B, d. h. geringer als der Winkel β, den Beobachter nicht erreichen. Dadurch erhält man eine Erklärung für das in Abb. 2.6a gezeigte Bild des Sonnenuntergangs.

Die Winkelbreite des „blinden Streifens" in Abb. 2.6a (d. h. den Winkel β in Abb. 2.8) zu berechnen ist nicht schwierig. Betrachten wir in diesem Zusammenhang folgende Aufgabe. *Man bestimme die Winkelbreite des „blinden Streifens" bei einem Sonnenuntergang (Abb. 2.6a), wenn die Höhe der kalten Luftschicht $h_1 = 50$ m und das Verhältnis der Differenz der Brechzahlen der kalten und der warmen Schicht zur Brechzahl der warmen Schicht $v = 10^{-5}$ beträgt.*
Bei der Lösung der Aufgabe verwenden wir Abb. 2.8. Da der Strahl $\overline{B_1B}$ mit $\overline{O_1B}$ einen Winkel von 90° bildet, kann man Gl. (2.12) in der Form

$$\frac{1}{\sin \alpha_0} = 1 + v \tag{2.14}$$

schreiben. Der Sinussatz für das Dreieck O_1OB ergibt $\overline{O_1O}/\sin \alpha_0 = \overline{O_1B}/\sin \psi'$. Unter Berücksichtigung von $\beta = 90° - \psi'$ und $h_1/R = \xi$ kann die letzte Gleichung umgeschrieben werden in

$$\cos \beta = (1 + \xi)\sin \alpha_0. \tag{2.15}$$

Aus Gl. (2.14) und Gl. (2.15) erhält man

$$\cos \beta = \frac{1 + \xi}{1 + \nu}. \tag{2.16}$$

Weiter benutzen wir die Tatsache, daß der Winkel β sehr klein ist, weshalb $\cos \beta = 1 - \beta^2/2$. Außerdem sind ξ und ν sehr klein, und man kann annehmen, daß $(1 + \xi)/(1 + \nu) = (1 + \xi)(1 - \nu) = 1 - (\nu - \xi)$ gilt. Die Beziehung (2.16) nimmt dann die Form

$$\beta^2 = 2(\nu - \xi) \tag{2.17}$$

an, womit ist

$$\beta = \pm \sqrt{2(\nu - \xi)}. \tag{2.18}$$

Das Vorhandensein von zwei Vorzeichen bedeutet, daß sowohl über dem Horizont (Vorzeichen $+$) als auch unter der Horizontlinie (Vorzeichen $-$) ein blinder Streifen existiert. Um sich von der Existenz des blinden Streifens unter dem Horizont zu überzeugen, genügt es, daß sich der Beobachter auf einen Hügel begibt. Darüber werden wir etwas später sprechen, jetzt betrachten wir zunächst nur den blinden Streifen, der in Gl. (2.18) dem Vorzeichen $+$ entspricht. Mit $h_1 = 50$ m und $R = 6380$ km erhalten wir $\xi = 0{,}78 \cdot 10^{-5}$. Setzen wir diesen Wert in Gl. (2.18) ein, so berechnen wir für ξ den Wert $\beta = 2{,}1 \cdot 10^{-3}$ rad $= 7{,}2'$.

Jetzt fällt es nicht schwer, das Bild des Sonnenuntergangs in Abb. 2.6b zu erklären. Befindet sich der Beobachter auf einem Hügel, kann er auch die Strahlen wahrnehmen, die durch den den Wert $90° + \beta$ überschreitenden Zenitabstand charakterisiert sind (Abb. 2.9). In diesem Falle sieht er auch den Teil der

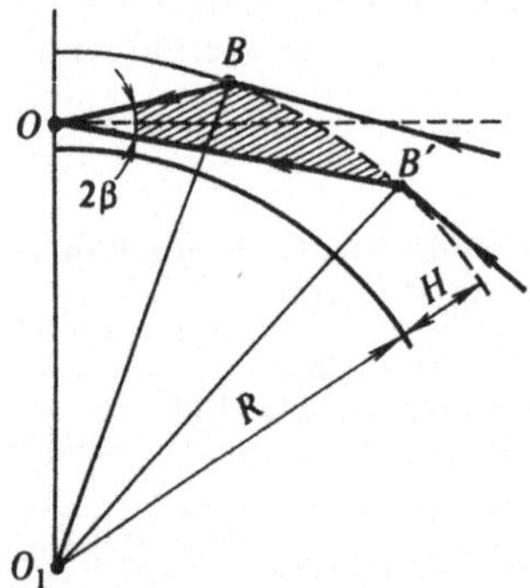

Abb. 2.9

Sonnenscheibe, der sich unterhalb des blinden Streifens der Winkelbreite 2β befindet. Setzt man für β den Wert $7'$ ein, hat der die Sonnenscheibe durchschneidende blinde Streifen eine Breite von $14'$. Die Sonnenscheibe besitzt einen Winkeldurchmesser von $32'$, womit die Breite des blinden Streifens im gegebenen Fall etwas geringer als die Hälfte des Durchmessers der Sonnenscheibe ist.

2.7. Das Flimmern der Sterne

Führen wir eine weitere Erscheinung an, die mit der astronomischen Refraktion verbunden ist: *das Flimmern der Sterne* (Szintillation). Luftströmungen in der Atmosphäre führen dazu, daß sich der Refraktionswinkel des einen oder anderen von der Erde aus zu beobachtenden Sterns zeitlich etwas verändert. Dem Erdbeobachter scheint, daß der Stern Zitterbewegungen ausführt. Dieses Flimmern ist besonders bei den in Horizontnähe befindlichen Sternen beobachtbar, da wir auf sie durch eine dicke Atmosphärenschicht blicken. Kosmonauten beobachten natürlich kein Sternenflimmern.

2.8. Die Krümmung eines Lichtstrahls in einem optisch inhomogenen Medium

Bisher sprachen wir über die astronomische Refraktion des Lichtes (die Krümmung von Lichtstrahlen, die den Erdbeobachter von außerirdischen Objekten aus erreichen). Nicht weniger interessant ist die terrestrische Refraktion, bei der Lichtstrahlen gekrümmt werden, die den Beobachter von auf der Erde befindlichen Objekten aus erreichen. Dabei können sehr beeindruckende Erscheinungen auftreten: *die Luftspiegelungen.*
Unsere Ausführungen über Luftspiegelungen beginnen wir mit der Betrachtung des folgenden einfachen Versuchs. Nehmen wir ein Gefäß mit durchsichtigen Wänden, das (für die Bequemlichkeit des Beobachters) die Form eines einfachen Aquariums haben soll. Wir füllen es mit Wasser und lösen darin eine gewisse Menge Zucker

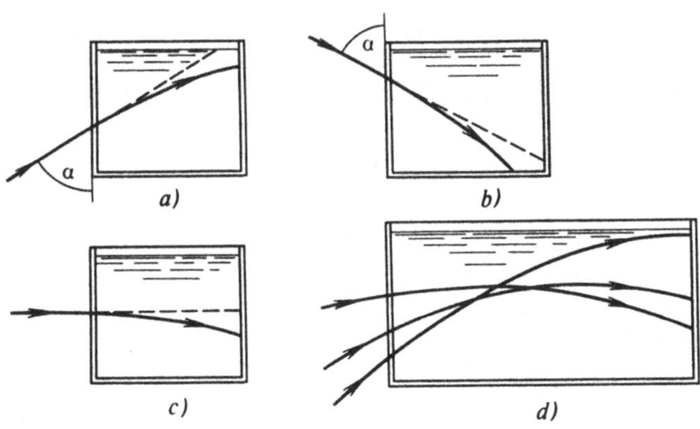

Abb. 2.10

auf. Die Brechzahl der Lösung nimmt dabei stetig vom Boden des Gefäßes aus in Richtung Lösungsoberfläche ab. Wir richten nun durch die Seitenwände des Gefäßes einen schmalen Lichtstrahl in das Gefäß.

Zunächst richten wir den Strahl von unten nach oben mit dem Winkel α zur Vertikalen (Abb. 2.10a). In dem Maße, wie der Strahl in Flüssigkeitsschichten mit geringerer Brechzahl eindringt, wächst der Winkel zwischen dem Strahl und der Vertikalen an. Der Lichtstrahl wird im Inneren des Gefäßes gebogen; die Strahlrichtung nähert sich der Horizontalen an.

Jetzt richten wir den Strahl im Winkel α zur Vertikalen von oben nach unten (Abb. 2.10b). Beim Übergang in die Flüssigkeitsschichten mit größerer Brechzahl verringert sich der Winkel zwischen dem Lichtstrahl und der Vertikalen. Der Lichtstrahl wird so gebogen, daß seine Richtung immer mehr von der Horizontalen abweicht.

Das in beiden Fällen beobachtete Bild ist durchaus verständlich; es genügt, sich an die bereits behandelten Beispiele der astronomischen Refraktion zu erinnern. Nun wollen wir einen interessanteren Fall betrachten. Der Lichtstrahl wird horizontal in das Gefäß gerichtet (Abb. 2.10c). Man könnte annehmen, der Strahl wäre in diesem Fall innerhalb des Gefäßes ebenfalls horizontal gerichtet. Das Experiment zeigt jedoch, daß der sich in der Flüssigkeit ausbreitende Strahl immer mehr nach unten gebeugt wird – in Richtung der optisch dichteren Schichten.

Man kann dieses Ergebnis leicht erklären, wenn man berücksichtigt, daß der unendlich schmale Lichtstrahl eine Idealisierung ist und wir es in Wirklichkeit mit einem Lichtbündel endlicher Breite (endlicher Apertur) zu tun haben. Wir setzen voraus, daß wir ein ideales planparalleles Lichtbündel betrachten, das in das Gefäß streng horizontal eintritt. In Abb. 2.11 ist ein solches Lichtbündel dargestellt; die gestrichelten Linien zeigen die Schnitte der Wellenfronten des Bündels in verschiedenen Punkten entlang der Achse des Bündels, die Pfeile deuten die Lichtstrahlen an. In jedem Punkt stehen Wellenfront und Lichtstrahl senkrecht aufeinander. Betrachten wir die Front $\overline{AB}$, wenn das Bündel gerade erst in die

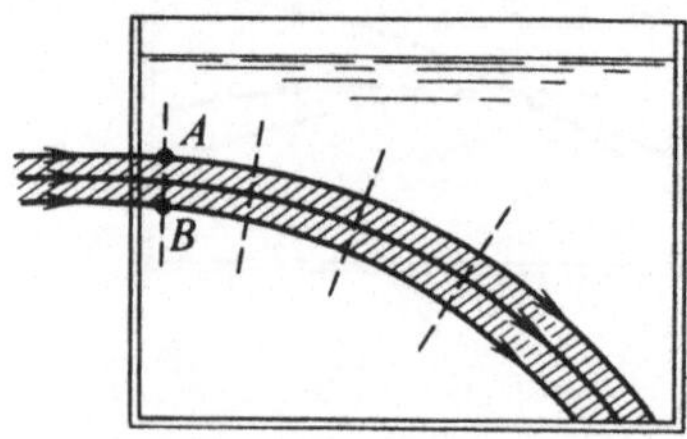

Abb. 2.11

Flüssigkeit eingedrungen ist. v_A sei die Lichtgeschwindigkeit im Punkt A und v_B die im Punkt B. Die Brechzahl der Flüssigkeit ist im Punkt A geringer als im Punkt B, wodurch gilt $v_A > v_B$. Hieraus folgt unmittelbar, daß sich die zu Beginn vertikale Wellenfront des Bündels (Front $\overline{AB}$) mit der weiteren Ausbreitung des Bündels in der Flüssigkeit zunehmend neigt.

Das eben betrachtete Experiment erlaubt die Schlußfolgerung: Wenn sich Licht in einem Medium ausbreitet, dessen Brechzahl stetig von unten nach oben abnimmt, krümmt sich der Lichtstrahl unabhängig von seiner ursprünglichen Richtung derart, daß seine Bahn mit der konvexen Seite nach oben zeigt (s. Abb. 2.10d). Nimmt die Brechzahl von oben nach unten ab, dann ist die konvexe Seite des gekrümmten Lichtstrahls nach unten gerichtet. Verallgemeinernd kann man folgende Regel formulieren: *In einem optisch inhomogenen Medium wird ein Lichtstrahl stets so gekrümmt, daß seine Bahn mit der konvexen Seite in Richtung Abnahme der Brechzahl des Mediums zeigt.*

2.9. Luftspiegelungen

Berücksichtigt man diese Regel, kann man leicht die Entstehung einiger Arten der Luftspiegelung verstehen. In Abb. 2.12 ist die Entstehung einer sog. oberen Luftspiegelung dargestellt. Für deren

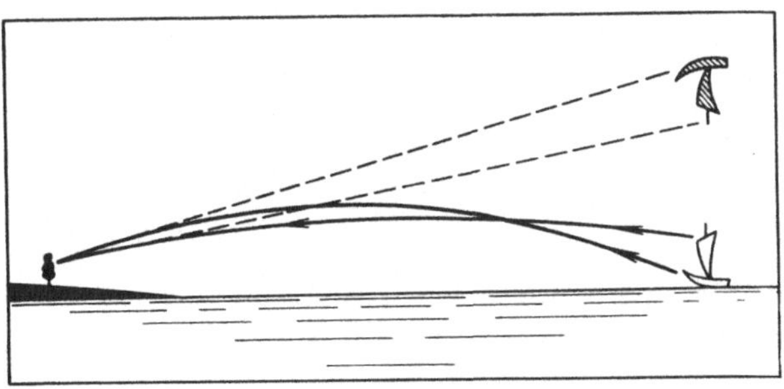

Abb. 2.12

Entstehung ist es notwendig, daß die Brechzahl der an die Oberfläche angrenzenden Luftschicht genügend schnell mit zunehmender Höhe abnimmt. Das wird dann möglich, wenn sich unten eine Schicht kalter Luft und darüber eine wärmere Luftschicht befindet. Über stark erhitzten Oberflächen (z. B. in der Wüste oder sogar über einer Asphaltstraße an heißen Tagen) können sich untere Luftspiegelungen ausbilden. Unter ihnen kann man jene hervorheben, die in der Wüste den Anblick von Seen mit sich in ihnen spiegelnden Uferpflanzen entstehen lassen (Fata Morgana,

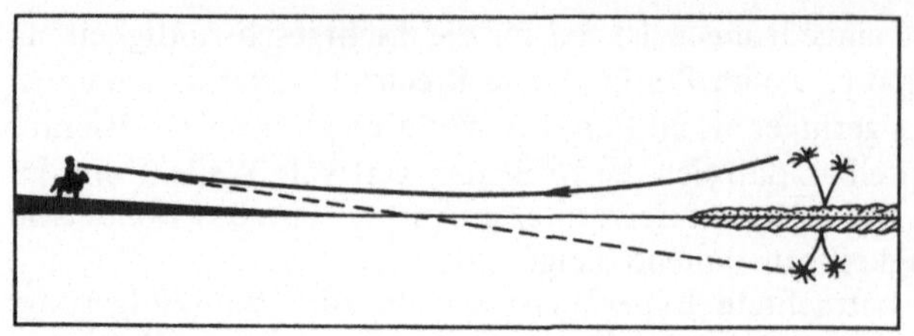

Abb. 2.13

Abb. 2.13). Das Wasser in diesen Seen ist eine Widerspiegelung des Himmels.

Die Arten der Luftspiegelungen sind sehr unterschiedlich, was mit den Besonderheiten der Orte, an denen Luftspiegelungen beobachtet werden können, und den Besonderheiten des Zustandes der Atmosphäre während der Beobachtung in Verbindung steht. Das wird aus Abb. 2.14 ersichtlich. In ihr wird die Bahn eines Lichtstrahls vom Objekt zum Beobachter für den Fall dargestellt, daß sich über einer stark erhitzten Luftschicht an der Erdoberfläche (mit einer verhältnismäßig kleinen Brechzahl) eine genügend kalte Luftschicht (mit einer merklich größeren Brechzahl) befindet. Bevor der Lichtstrahl den Beobachter erreicht, beschreibt er in diesem Fall eine recht komplizierte Bahn, was zur Entstehung von eigentümlichen Luftspiegelungen führen kann. Richten wir unsere Aufmerksamkeit darauf, daß die Bahn der Lichtstrahlen in Abb. 2.14 in allen ihren Punkten mit ihrer konvexen Seite in Richtung der Verringerung der Brechzahl des Luftmediums zeigt. Wir unterteilen die Bahn in drei Abschnitte. In den Abschnitten AB und CO ist sie mit ihrer konvexen Seite nach unten gerichtet, weil sich die Brechzahl in der unteren Schicht der Höhe h von oben nach unten verringert. Im Abschnitt BC ist die Strahlenbahn mit ihrer konvexen Seite nach oben gerichtet, da in Höhen, die h überschreiten, die Brechzahl von unten nach oben abnimmt.

Luftspiegelungen sind in vielen Büchern beschrieben, sowohl in wissenschaftlichen als auch in belletristischen. Einige der

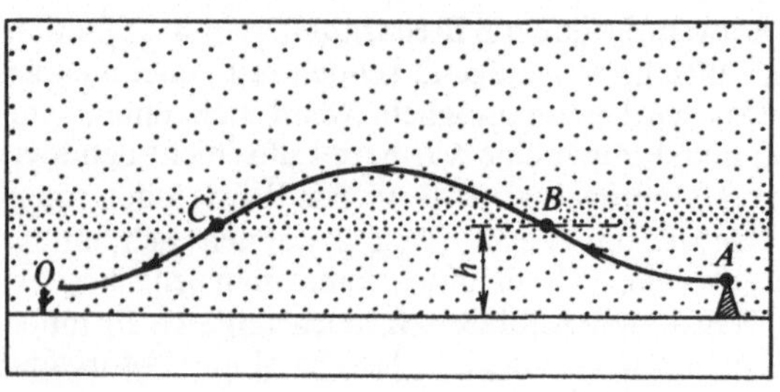

Abb. 2.14

beeindruckendsten Luftspiegelungen erhielten von den Menschen
bereits vor langer Zeit Namen, sie wurden zu Legenden und fanden
ihren Ausdruck im Glauben der Menschen. So existieren Legenden vom „Fliegenden Holländer" (ein Geisterschiff, das dem
Untergang geweihten Seeleuten während der Stürme erscheint),
von der „Fata Morgana" (geisterhafte Schlösser, die am Horizont
wachsen und wieder verschwinden, je näher man ihnen kommt),
vom Brockengespenst (am Himmel erscheinende, sich bewegende
gigantische Figuren von Menschen und Tieren).
Viele Luftspiegelungen, besonders diejenigen, bei denen die
Abbildungen über Tausende von Kilometern übertragen werden,
sind überaus komplizierte optische Erscheinungen. Um sie zu
erklären, reicht die Betrachtung der Refraktion in der Atmosphäre
allein nicht aus; der physikalische Mechanismus solcher Luftspiegelungen ist bedeutend komplizierter. Unter bestimmten
Bedingungen ist es möglich, daß sich in der Atmosphäre gigantische Luftlinsen, eigentümliche Lichtleiter und sekundäre Luftspiegelungen, d. h. Luftspiegelungen von Luftspiegelungen, bilden. Es
ist ebenfalls möglich, daß die Ionosphäre (eine Schicht ionisierter
Gase in etwa 100 km Höhe) eine bestimmte Rolle bei der Entstehung der Luftspiegelungen spielt; sie kann Lichtwellen reflektieren.

3. Wie verläuft ein Lichtstrahl durch ein Prisma?

3.1. Brechung von Lichtstrahlen im Prisma; der Ablenkwinkel

Sonnenlicht wird beim Durchgang durch ein Prisma nicht nur
gebrochen, sondern auch in verschiedene Farben *zerlegt*. Wir
heben uns die Betrachtung der Zerlegung des Lichtes in
verschiedene Farben für das nächste Kapitel auf; an dieser Stelle
wollen wir uns nur mit der Brechung des Lichtstrahls im Prisma
beschäftigen. Strenggenommen bedeutet das, daß der Lichtstrahl
hier als einfarbig oder, wie es in der Physik heißt, als *monochromatisch* (aus dem Griechischen „Chromos" $\hat{=}$ die Farbe und „mono"
$\hat{=}$ eins) vorausgesetzt wird.
In Abb. 3.1 ist ein Lichtstrahl dargestellt, der durch ein Prisma mit
dem Brechungswinkel θ und der Brechzahl n verläuft; die Brechzahl des umgebenden Mediums (Luft) wird gleich eins gesetzt. Der
in der Abbildung dargestellte Lichtstrahl trifft auf die linke Seite
des Prismas unter dem Winkel α_1 auf. Wir benutzen das

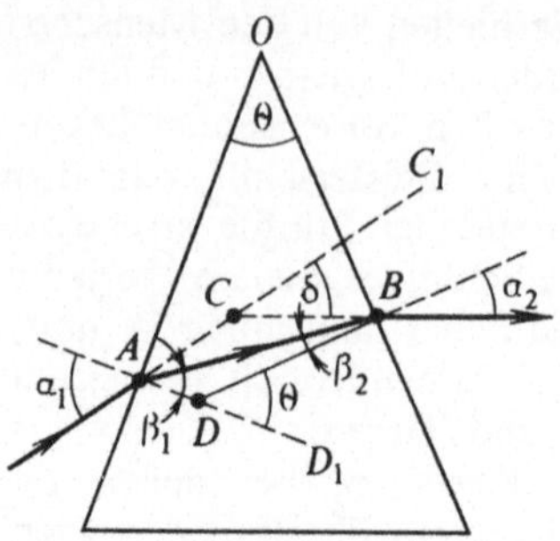

Abb. 3.1

Brechungsgesetz in den Punkten A und B und schreiben

$$\frac{\sin \alpha_1}{\sin \beta_1} = n; \qquad \frac{\sin \alpha_2}{\sin \beta_2} = n. \tag{3.1}$$

Beim Durchlaufen des Prismas wird der Lichtstrahl um den Winkel C_1CB von der Ausgangsrichtung abgelenkt. Wir bezeichnen ihn mit δ und nennen ihn im weiteren Ablenkwinkel. Berücksichtigen wir, daß $\measuredangle C_1CB = \measuredangle CAB + \measuredangle CBA$ gilt, können wir auf die Gleichung

$$\delta = (\alpha_1 - \beta_1) + (\alpha_2 - \beta_2) \tag{3.2}$$

schließen. Weiterhin gilt $\measuredangle D_1DB = \measuredangle DAB + \measuredangle ABD = \beta_1 + \beta_2$. Da $\measuredangle D_1DB = \measuredangle AOB$ ist, gilt schließlich

$$\beta_1 + \beta_2 = \theta. \tag{3.3}$$

Mit Gl. (3.3) können wir Gl. (3.1) und Gl. (3.2) umschreiben:

$$\left.\begin{aligned} \frac{\sin \alpha_1}{\sin \beta_1} &= n, \\[2em] \frac{\sin \alpha_2}{\sin (\theta - \beta_1)} &= n, \\[1em] \delta &= \alpha_1 + \alpha_2 - \theta. \end{aligned}\right\} \tag{3.4}$$

3.2. Symmetrischer und unsymmetrischer Strahlengang im Prisma

Wir betrachten folgende Aufgabe. *Gesucht wird die Ablenkung δ in einem Prisma mit dem Brechungswinkel θ und der Brechzahl n für den Fall, daß der Strahl im Inneren des Prismas senkrecht zur Winkelhalbierenden des brechenden Winkels verläuft.* In diesem Fall ergibt sich ein symmetrisches Bild des Strahlendurchgangs durch das Prisma bezüglich der Winkelhalbierenden des brechenden Winkels (Abb. 3.2a). Folglich gilt

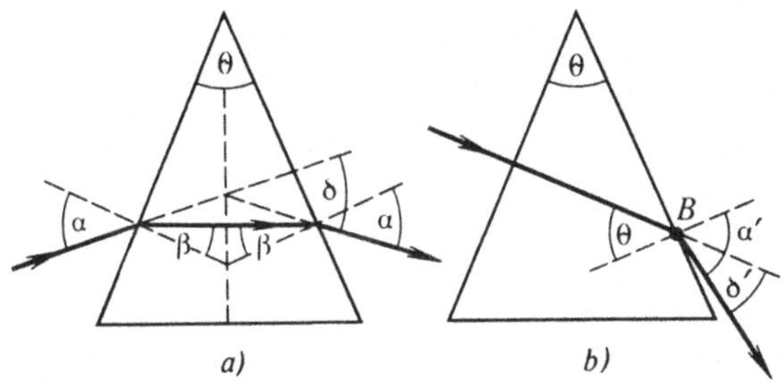

a)   *b)*   Abb. 3.2

$\alpha_1 = \alpha_2 \equiv \alpha$, $\delta = 2\alpha - \theta$, $\beta_1 = \beta_2 \equiv \beta = \theta/2$. Berücksichtigt man diese Beziehungen, kann man das Brechungsgesetz $\sin\alpha/\sin\beta = n$ in folgender Form schreiben:

$$\sin\frac{\delta + \theta}{2} = n\sin\frac{\theta}{2}. \tag{3.5}$$

Somit erhält man

$$\frac{\delta + \theta}{2} = \arcsin\left(n\sin\frac{\theta}{2}\right)$$

und schließlich

$$\delta = 2\arcsin\left(n\sin\frac{\theta}{2}\right) - \theta. \tag{3.6}$$

Sehen wir uns noch eine Aufgabe an. *Gesucht wird der Ablenkwinkel δ' in einem Prisma mit dem brechenden Winkel θ und der Brechzahl n, wenn der Lichtstrahl senkrecht auf die Eintrittsebene des Prismas auftrifft.* Betrachteten wir in der vorhergehenden Aufgabe den symmetrischen Strahlengang durch das Prisma (der Strahl wird an beiden Seiten des Prismas gleichartig gebrochen), so ist jetzt die Situation stark unsymmetrisch: Der Strahl wird an der Austrittsebene stark und an der Eintrittsebene überhaupt nicht gebrochen (Abb. 3.2b). Im Punkt B lautet das Brechungsgesetz $\sin\alpha'/\sin\theta = n$. Somit erhalten wir

$$\delta' = \alpha' - \theta = \arcsin(n\sin\theta) - \theta. \tag{3.7}$$

Es ist nützlich, sich davon zu überzeugen, daß $\delta' > \delta$ gilt. Nach Gl. (3.6) und Gl. (3.7) gilt $\delta' - \delta = \arcsin(n\sin\theta) - 2\arcsin(n\sin\theta/2) \equiv \varphi - \psi$. Dadurch genügt es, $\sin\varphi - \sin\psi > 0$ zu zeigen. Da $\sin(\arcsin\gamma) = \gamma$, $\cos(\arcsin\gamma) = \sqrt{1 - \gamma^2}$, gilt $\sin\varphi - \sin\psi = n\sin\theta - 2n\sin(\theta/2)$ $\times \sqrt{1 - n^2\sin^2(\theta/2)} = 2n\sin(\theta/2)\left[\sqrt{1 - \sin^2(\theta/2)} - \sqrt{1 - n^2\sin^2(\theta/2)}\right]$. Die erste Wurzel im Klammerausdruck ist größer als die zweite Wurzel, und folglich ist die geforderte Ungleichung bewiesen. An diesem Beispiel erkennen wir, daß beim Übergang vom symmetrischen Bild der Lichtbrechung am Prisma zum unsymmetrischen der Ablenkwinkel größer wird.

In den „Lectiones Opticae et Geometriae" beweist Isaac Newton mit Hilfe von geometrischen Überlegungen, daß „bei der Brechung eines homogenen Strahls im Prisma der Winkel zwischen dem einfallenden und dem austretenden Strahl dann am größten ist,

49

wenn hier und dort die Brechung gleichartig erfolgt". Unter homogenen Lichtstrahlen verstand Newton monochromatische Strahlen und unter „dem Winkel zwischen dem einfallenden und dem austretenden Strahl" den Winkel ACB (s. Abb. 3.1), d. h. den Winkel $180° - \delta$. Somit ist *die Ablenkung eines Lichtstrahls beim Durchgang durch ein Prisma am kleinsten bei symmetrischem Strahlengang.*

Wir beweisen diese Behauptung und wenden dabei die Differentialrechnung an. Den Winkel δ betrachten wir als Funktion des Winkels β_1, der eindeutig mit dem Einfallswinkel α_1 des Lichtstrahls auf die Eintrittsebene des Prismas verbunden ist. Entsprechend der dritten Gleichung des Systems (3.4) gilt: $\delta(\beta_1) = \alpha_1(\beta_1) + \alpha_2(\beta_1) - \theta$. Um den Wert des Winkels β_1 zu finden, bei dem der Winkel δ minimal wird, muß man δ nach β_1 differenzieren und die erste Ableitung gleich Null setzen:

$$\frac{d\delta}{d\beta_1} = \frac{d\alpha_1}{d\beta_1} + \frac{d\alpha_2}{d\beta_1} = 0. \tag{3.8}$$

Aus der ersten Gleichung des Systems (3.4) folgt, daß $\alpha_1(\beta_1) = \arcsin(n \sin\beta_1)$, und aus der zweiten, daß $\alpha_2(\beta_1) = \arcsin(n \sin(\theta - \beta_1))$ ist. Erinnern wir uns, daß

$$\frac{d}{dx}\arcsin f(x) = \left[(1 - f^2(x))^{-1/2}\right]\frac{df}{dx}$$

gilt. Wir erhalten dann

$$\frac{d\alpha_1}{d\beta_1} = \frac{n\cos\beta_1}{\sqrt{1 - n^2\sin^2\beta_1}}, \qquad \frac{d\alpha_2}{d\beta_1} = -\frac{n\cos(\theta - \beta_1)}{\sqrt{1 - n^2\sin^2(\theta - \beta_1)}}.$$

Setzen wir diese Ableitungen in Gl. (3.8) ein, erhalten wir

$$\cos\beta_1\sqrt{1 - n^2\sin^2(\theta - \beta_1)} = \cos(\theta - \beta_1)\sqrt{1 - n^2\sin^2\beta_1}$$

oder anders

$$\left[(1 - \sin^2\beta_1)(1 - n^2\sin^2(\theta - \beta_1))\right]^{1/2}$$

$$= \left[(1 - \sin^2(\theta - \beta_1))(1 - n^2\sin^2\beta_1)\right]^{1/2}.$$

Hieraus folgt $\beta_1 = \theta/2$, was eben dem symmetrischen Gang des Lichtstrahls durch das Prisma entspricht.

3.3. Refraktometer

Die Strahlenbrechung im Prisma wird in der Praxis in einigen Arten von *Refraktometern* genutzt. So werden optische Geräte zur

Bestimmung der Brechzahl genannt. Dabei muß der zu untersuchende Stoff die Form eines Prismas mit genau polierten Brechungsebenen besitzen. Flüssigkeit füllt man in eine hohle prismatische Küvette mit planparallelen Wänden. Das Prisma wird auf einen drehbaren Tisch eines Goniometers gebracht. Dieser ist mit einem Fernrohr und einem Kollimator – ein Gerät zur Erzeugung eines schmalen gerichteten Lichtbündels – ausgerüstet. Der Tisch wird dabei gedreht und die Position gesucht, bei der das auf das Prisma einfallende Lichtbündel beim Durchgang durch das Prisma die geringste Ablenkung erfährt. Wir wissen bereits, daß dieser Lage der symmetrische Strahlengang durch das Prisma entspricht. In dieser Lage wird die Ablenkung δ gemessen und die Brechzahl des Prismenstoffes nach Formel (3.5) berechnet. Ungeachtet der scheinbaren Einfachheit ist diese Methode der Bestimmung der Brechzahl ziemlich genau. Bei einer Genauigkeit der Bestimmung der Winkel δ und θ von einigen Winkelsekunden kann die Brechzahl mit einer Genauigkeit bis zu 10^{-5} bestimmt werden.

Nehmen wir an, es sei die Differenz der Brechzahlen zweier Flüssigkeiten $n_1 - n_2$ zu bestimmen, wobei diese Differenz sehr klein sei. In diesem Falle kann man die aufeinanderfolgende Brechung des Lichtstrahls in zwei prismatischen Gefäßen mit planparallelen Wänden benutzen. In einem dieser Gefäße befindet sich die eine Flüssigkeit und im zweiten die andere Flüssigkeit. Dieses Prismensystem und der Strahlengang in ihm sind in Abb. 3.3

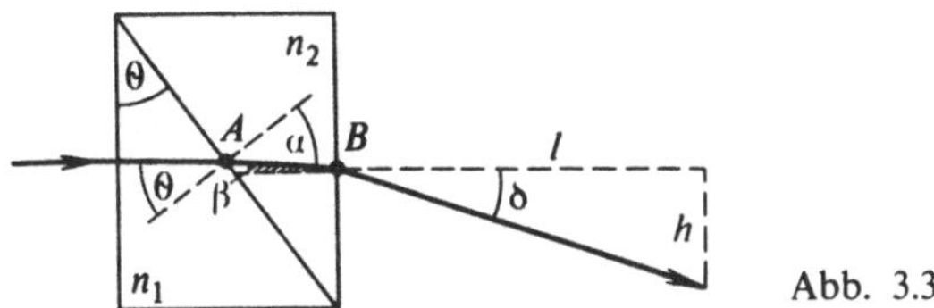

Abb. 3.3

dargestellt. Der Strahl wird in den Punkten A und B gebrochen; dabei gilt $\sin\alpha/\sin\theta = n_1/n_2$, $\sin\delta/\sin\beta = n_2$. Aus diesen Ausdrücken folgt, daß $n_1 = n_2 \sin\alpha/\sin\theta = \sin\delta \sin\alpha/\sin\beta \sin\theta$ und somit

$$n_1 - n_2 = \frac{\sin\delta}{\sin\beta}\left(\frac{\sin\alpha}{\sin\theta} - 1\right). \tag{3.9}$$

Weiterhin gilt – bei Berücksichtigung von $\alpha = \beta + \theta - \sin\alpha = \sin\beta\cos\theta + \sin\theta\cos\beta$. Da der Winkel β sehr klein ist (wir erinnern uns, daß sich die Brechzahlen n_1 und n_2 nur geringfügig unterscheiden), setzen wir $\cos\beta$ gleich eins, wodurch Gl. (3.9) die

4*

Form

$$n_1 - n_2 = \frac{\sin \delta}{\tan \theta} \qquad (3.10)$$

annimmt. In der Praxis wird $\sin \delta$ durch Messen von l und h bestimmt (Abb. 3.3). Da δ sehr klein ist, benutzen wir $\sin \delta = \tan \delta = h/l$. Somit erhalten wir

$$n_1 - n_2 = \frac{h}{l \tan \theta}. \qquad (3.11)$$

Die Meßgenauigkeit der Differenz der Brechzahlen erreicht bei dieser Methode 10^{-7}.

3.4. Entstehung von Doppelabbildungen entfernter Gegenstände im Fensterglas

Die Brechung von Lichtstrahlen in einem Prisma mit einem kleinen brechenden Winkel erlaubt es, eine Erscheinung zu erklären, die wir oft beobachten (obwohl wir bei weitem nicht immer über sie nachdenken). Wenn man die Reflexion z. B. einer weit entfernten Straßenlaterne oder des Mondes im Fensterglas betrachtet, so stellt man fest, daß diese Reflexion relativ oft *doppelt* ist. Bewegt sich der Beobachter, so verschieben sich die Abbildungen im Glas nicht gleichartig zueinander. Diese Doppelung der Abbildung wird durch die leichte *Keilform* der Glasscheibe erklärt. Eine Abbildung entsteht bei der Reflexion des Lichtes an der vorderen Glasebene, die andere an der hinteren Ebene. Das Gesagte wird in Abb. 3.4 deutlich. Der Lichtstrahl SA von der entfernten Lichtquelle wird teilweise im Punkt A reflektiert, erreicht den Beobachter und nimmt an der Formierung der ersten Abbildung teil. Der gleiche Strahl wird im Punkt A teilweise

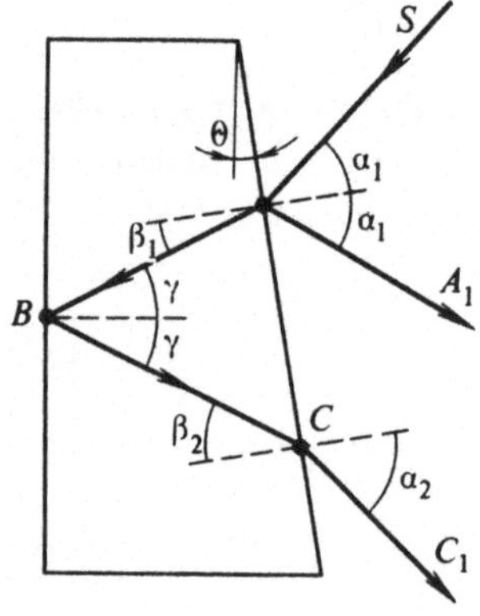

Abb. 3.4

52

gebrochen, danach im Punkt B teilweise reflektiert und im Punkt C erneut gebrochen. Der Beobachter sieht schließlich noch eine Abbildung. Der Winkel zwischen den Strahlen AA_1 und CC_1 kann als Dopplungswinkel bezeichnet werden. Je größer er ist, desto entfernter sind die beobachtbaren Abbildungen voneinander.

Betrachten wir hierzu eine Aufgabe. Gesucht wird der Dopplungswinkel einer Abbildung in einer keilartigen Glasscheibe mit dem brechenden Winkel θ und der Brechzahl n, wenn der Strahl vom Objekt auf die vordere Ebene der Scheibe unter einem Winkel von $\alpha_1 = 30°$ einfällt.

Den gesuchten Winkel bezeichnen wir mit φ. Aus Abb. 3.4 folgt, daß $\varphi = \alpha_2 - \alpha_1$ ist, wobei α_2 der Winkel ist, unter dem der Strahl CC_1 aus der Scheibe heraustritt. Die Brechung des Strahls in den Punkten A und C wird durch die Formel (3.1) beschrieben. Die Winkel β_1 und β_2 sind miteinander offensichtlich durch die Beziehung (s. Zeichnung) $\beta_1 + \theta = \gamma = \beta_2 - \theta$ verbunden, so daß gilt:

$$\beta_2 = \beta_1 + 2\theta. \tag{3.12}$$

Mit Gl. (3.12) schreiben wir Gl. (3.1) in der Form

$$\frac{\sin \alpha_1}{\sin \beta_1} = n, \qquad \frac{\sin \alpha_2}{\sin (\beta_1 + 2\theta)} = n. \tag{3.13}$$

Berücksichtigen wir, daß der Winkel θ klein ist, so können wir schreiben: $\sin (\beta_1 + 2\theta) = \sin \beta_1 + 2\theta \cos \beta_1$. Benutzen wir die erste Gleichung von Formel (3.13), nach der $\sin \beta_1 = \sin \alpha_1/n$ gilt, erhalten wir

$$\sin (\beta_1 + 2\theta) = \frac{\sin \alpha_1}{n} + 2\theta \sqrt{1 - \frac{\sin^2 \alpha_1}{n^2}}. \tag{3.14}$$

Setzen wir Gl. (3.14) in die zweite Gleichung von Formel (3.13) ein, erhalten wir schließlich

$$\sin \alpha_2 = \sin \alpha_1 + 2\theta \sqrt{n^2 - \sin^2 \alpha_1}. \tag{3.15}$$

Der gesuchte Winkel φ ist offenkundig sehr klein; man kann daher annehmen, daß $\varphi = \sin \varphi = \sin (\alpha_2 - \alpha_1)$ und folglich

$$\varphi = \sin \alpha_2 \cos \alpha_1 - \sin \alpha_1 \cos \alpha_2. \tag{3.16}$$

Für $\alpha_1 = 30°$ nimmt Gl. (3.15) die Form

$$\sin \alpha_2 = \frac{1 + 2\theta \sqrt{4n^2 - 1}}{2} \tag{3.17}$$

an. Berücksichtigen wir noch, daß θ sehr klein ist, finden wir

$$\sin^2 \alpha_2 = \frac{1 + 4\theta \sqrt{4n^2 - 1}}{4},$$

$$\cos^2 \alpha_2 = 1 - \sin^2 \alpha_2 = \frac{3}{4}\left(1 - \frac{4\theta \sqrt{4n^2 - 1}}{3}\right), \tag{3.18}$$

$$\cos \alpha_2 = \frac{\sqrt{3}}{2}\left(1 - \frac{2\theta \sqrt{4n^2 - 1}}{3}\right).$$

Setzen wir die Gln. (3.17) und (3.18) in Gl. (3.16) ein, so erhalten wir als

Endergebnis

$$\varphi = \frac{2}{\sqrt{3}}\,\theta\,\sqrt{4n^2 - 1}. \tag{3.19}$$

3.5. Reflexionsprismen

Eine besondere Gruppe von Prismen stellen die sog. *Reflexionsprismen* dar. Bei diesen Prismen wird die innere Totalreflexion ausgenutzt. Ein Lichtstrahl tritt in das Prisma ein, erfährt ein- oder mehrmals innere Reflexionen und verläßt das Prisma. Der Winkel zwischen dem austretenden Lichtstrahl und der Austrittsebene des Prismas ist gleich dem Winkel zwischen dem eintretenden Lichtstrahl und der Eintrittsebene des Prismas. Oft verlaufen die ein- und austretenden Strahlen senkrecht zu den entsprechenden Ebenen des Prismas. Das alles führt dazu, daß in Reflexionsprismen keine Zerlegung des weißen Lichtes in verschiedene Farben beobachtet wird (ähnlich der Tatsache, daß man diese beim Durchgang von weißem Licht durch eine planparallele Platte faktisch nicht beobachtet). Deshalb verliert die zu Beginn dieses Kapitels aufgestellte Bedingung der Monochromatizität (Einfarbigkeit) des Ausgangslichtbündels bei der Betrachtung der Reflexionsprismen an Schärfe.
In Abb. 3.5 sind einige Typen von Reflexionsprismen dargestellt.

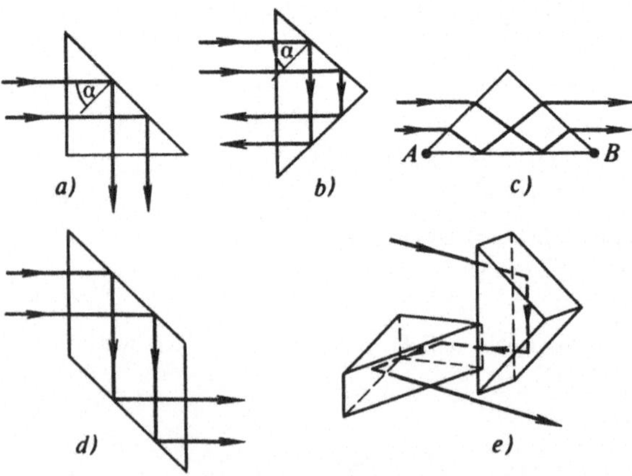

Abb. 3.5

Es ist zu erkennen, daß Reflexionsprismen zur Veränderung der Richtung des Lichtbündels, zur Parallelverschiebung des Bündels und zur Umkehrung der Abbildung benutzt werden können. In den Fällen a, b, c der Abbildung ist ein und dasselbe Prisma

abgebildet. Dieses Prisma besitzt im Schnitt die Form eines gleichschenklig-rechtwinkligen Dreiecks. In den ersten beiden Fällen verändert das Prisma die Richtung des Lichtbündels entsprechend um 90° und 180°; im dritten Fall verändert es die Richtung des Bündels nicht, kehrt aber die Abbildung um.
In den in der Abbildung gezeigten Fällen a, b, d und e erfahren die Lichtstrahlen keine Brechung, sondern eine innere Totalreflexion. Deshalb erfolgt in den genannten Fällen keine Zerlegung des weißen Lichtes in Farbe. Im Fall c unterliegen die Lichtstrahlen neben der inneren Totalreflexion einer Brechung. Fällt in diesem Fall weißes Licht auf das Prisma, so tritt eine Anzahl von Strahlen mit verschiedenen Farben aus dem Prisma aus. Wesentlich ist, daß alle diese aus dem Prisma austretenden Strahlen parallel zueinander verlaufen. Daher kann man die Zerlegung des weißen Lichtes in Farben faktisch nicht beobachten. (Das Lichtbündel besitzt eine gewisse Breite, und die Farbstrahlen überlagern sich gegenseitig.) Wir kehren zu dieser Frage im nächsten Kapitel zurück.
Nehmen wir an, ein Prisma besitze die Brechzahl n und befinde sich in Luft. In den Abbn. 3.5a und b beträgt der Einfallswinkel der Lichtstrahlen auf die reflektierende Kante $\alpha = 45°$. Für die innere Totalreflexion muß die Bedingung $\sin \alpha > 1/n$ erfüllt sein, d.h. $n > \sqrt{2}$. Es ist interessant, daß im Fall c die innere Totalreflexion an der Kante AB bei beliebigem $n > 1$ erfolgt. Wenden wir uns der Abb. 3.6 zu und beweisen diese Behauptung.

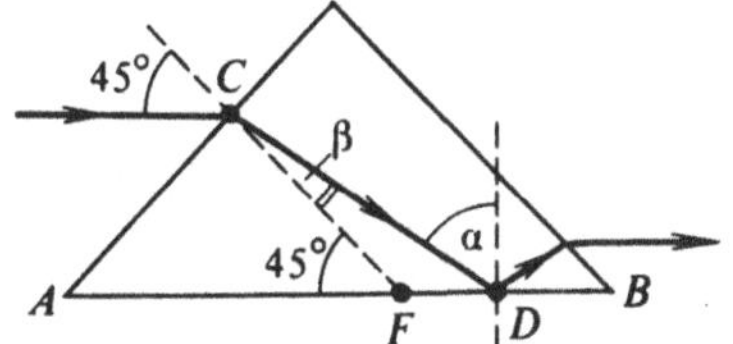

Abb. 3.6

Wir benutzen die Gleichung $\angle FCD + \angle CDF = \angle CFA$. Jetzt schreiben wir diese in der Form $\beta + (90° - \alpha) = 45°$ oder $\alpha = 45° + \beta$. Die Bedingung für die innere Totalreflexion nimmt im gegebenen Fall die Form $\sin(45° + \beta) > 1/n$ oder

$$\sin \beta + \cos \beta > \frac{\sqrt{2}}{n} \tag{3.20}$$

an. Das Brechungsgesetz im Punkt C lautet $\sin 45°/\sin \beta = n$ oder

$$\sin \beta = \frac{1}{n\sqrt{2}}. \tag{3.21}$$

55

Mit Gl. (3.21) formen wir Gl. (3.20) um:

$$\frac{1}{n\sqrt{2}} + \sqrt{1 - \frac{1}{2n^2}} > \frac{\sqrt{2}}{n}.$$

Somit gilt $\sqrt{2n^2 - 1} > 1$, woraus unmittelbar $n > 1$ folgt, was auch zu beweisen war.

Reflexionsprismen finden eine breite praktische Anwendung als optische Elemente, die es gestatten, Lichtbündel um einen bestimmten Winkel zu drehen, zu reflektieren und parallel zu verschieben. Reflexionsprismen werden in Periskopen, Ferngläsern, Fotometern, Fotoapparaten, optischen Systemen der Fernmeldung und der Ortung, Laserresonatoren usw. benutzt.

3.6. Das Lummer-Brodhun-Fotometer

Als Beispiel wollen wir das *Lummer-Brodhun-Fotometer* betrachten. Das Hauptelement eines solchen Fotometers ist ein System von zwei rechtwinkligen gläsernen Prismen. Die Prismen sind aneinandergelegt und bilden einen Glaswürfel (Abb. 3.7). Die

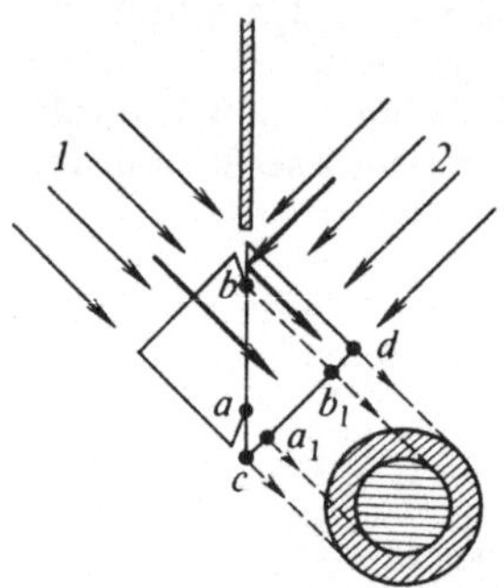

Abb. 3.7

Seitenebene eines Prismas ist an den Enden abgeschliffen, so daß der optische Kontakt mit dem anderen Prisma nur im Mittelteil dieser Seitenfläche vorhanden ist (in der Abbildung der Abschnitt ab). Das Licht geht durch den Kontaktbereich, ohne reflektiert oder gebrochen zu werden. Außerhalb des Kontaktbereiches erfahren die Lichtstrahlen in beiden Prismen innere Totalreflexion. In der Abbildung sind zwei Lichtstrahlen mit den Ziffern *1* und *2* gekennzeichnet. Ihre Intensitäten sollen miteinander verglichen werden. Wir nehmen an, daß die Intensität jedes Strahlenbündels konstant über den Bündelquerschnitt ist. Der Beobachter betrachtet die Seitenfläche cd. Im Mittelteil a_1b_1 dieser Seitenfläche sieht der Beobachter das Licht des Bündels *1* und im Ringabschnitt (zwischen c und a_1 sowie b_1 und d) das Licht des zweiten Bündels. Sind die Intensitäten der Lichtbündel nicht gleich groß, unterscheidet sich die Helligkeit des mittleren Feldes von der Helligkeit des Ringes, was der Beobachter auch feststellt.

3.7. Das Reflexionsprisma anstelle des Reflexionsspiegels in Laserresonatoren

Als ein weiteres Beispiel betrachten wir einen *Laser*, bei dem einer der Spiegel des Resonators durch ein Reflexionsprisma ersetzt wurde. Schematisch ist ein solcher Laser in Abb. 3.8 dargestellt. Hierbei ist *1* das aktive Element, *2* das Anregungssystem des Lasers, das dazu bestimmt ist, diejenigen Zentren im aktiven Element anzuregen, die Laserstrahlen erzeugen (beim Übergang vom angeregten zum Grundzustand), *3* der Austrittsspiegel des Resonators, *4* das Reflexionsprisma, das den zweiten Spiegel des Resonators ersetzt, und *5* die Laserstrahlung. Reflexionsprismen werden in Laserresonatoren in den Fällen verwendet, in denen die Strahlung die Form von einzelnen intensiven, kurzen Lichtimpulsen erhalten soll. Dabei wird das Prisma schnell um eine senkrecht zur Resonatorenachse verlaufende Achse gedreht. In allen Lagen des Prismas, außer in der, die in der Abbildung gezeigt wird, lenkt das Prisma die Strahlung nicht in das aktive Element

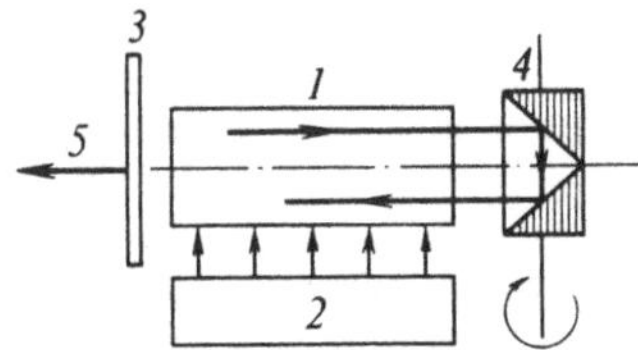

Abb. 3.8

zurück. In diesen Zeiträumen erzeugt das Prisma sozusagen große Verluste, in deren Folge keine Erzeugung von Laserstrahlen erfolgt. Tritt keine solche Erzeugung ein, wächst die Anzahl der in den angeregten Zustand übergegangenen aktiven Zentren in dem Maße an, wie dem aktiven Element Anregungsenergie zugeführt wird. Sobald sich das rotierende Prisma in der in der Zeichnung dargestellten Lage befindet, erfolgt die Erzeugung schnell und explosionsartig, und die angeregten aktiven Zentren geben vereint einen starken, kurzen Lichtimpuls ab. Das Prisma rotiert weiter, und bis es die nächste Umdrehung vollendet hat, wird im aktiven Element Energie für einen neuen Lichtimpuls angereichert, der dann abgestrahlt wird, sobald das Prisma erneut die in der

Abbildung gezeigte Lage eingenommen hat. Bei einer Rotationsgeschwindigkeit des Prismas von 1000 Umdrehungen pro Sekunde werden kurze Lichtimpulse mit einer Länge von etwa 10^{-7} s erzeugt. Die Spitzenleistung eines solchen Impulses erreicht 10^7 W.

3.8. Doppelprisma

Zum Schluß dieses Kapitels betrachten wir eine Aufgabe mit einem *Doppelprisma*. Ein Doppelprisma besteht aus zwei rechtwinkligen Prismen mit kleinen brechenden Winkeln. Diese Prismen sind zusammengefügt. Gewöhnlich werden Doppelprismen aus einem Stück Glas gefertigt. Es kann folgende Aufgabe formuliert werden: *Ein Lichtstrahl fällt senkrecht auf ein Doppelprisma mit dem Brechungswinkel θ und der Brechzahl n; die Apertur des Bündels sei D. Gesucht wird der Abstand L zwischen Doppelprisma und Bildschirm, bei dem in der Mitte des Bildschirms ein dunkler Streifen der Breite d entsteht* (Abb. 3.9).

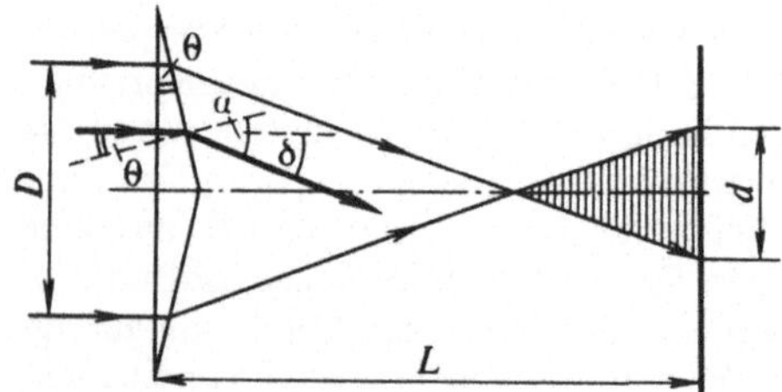

Abb. 3.9

Wir setzen $(D + d)/2 = a$ und führen den Ablenkwinkel δ ein. Aus der Zeichnung ist zu ersehen, daß $\tan \delta = a/L$. Bei sehr kleinem Winkel θ ist der Ablenkwinkel δ ebenfalls sehr klein, und es gilt die Näherung $\tan \delta = \delta$. Somit wird

$$L = \frac{a}{\delta}. \tag{3.22}$$

Das Brechungsgesetz besitzt die Form $\sin \alpha / \sin \theta = n$ oder anders $\sin(\delta + \theta)/\sin \theta = n$. Die Winkel δ und θ sind klein, und wir schreiben die letzte Gleichung in der Form $(\delta + \theta)/\theta = n$. Somit gilt

$$\delta = \theta(n - 1). \tag{3.23}$$

Setzen wir Gl. (3.23) in Gl. (3.22) ein, erhalten wir $L = a/\theta(n - 1)$. Schließlich finden wir $L = (D + d)/2\theta(n - 1)$. Mit $\theta = 0{,}02$ (das entspricht $1°10'$), $n = 1{,}5$, $D = 1$ cm und $d = 0{,}5$ cm erhalten wir schließlich $L = 75$ cm.

Hat man ein Doppelprisma zur Verfügung, kann man das Resultat im Experiment leicht überprüfen. Richtet man auf ein Doppelprisma ein schwach auseinanderlaufendes Bündel Sonnenstrahlen, so kann man eine Färbung der Ränder des Schattenstreifens in den Regenbogenfarben feststellen. Das Entstehen der Regenbogenfarben an der Grenze zwischen dem beleuchteten und dem Schattenbereich auf dem Bildschirm ist, wie leicht zu erraten ist, das Resultat der Zerlegung des Sonnenlichtes in verschiedene Farben. Diese Erscheinung ist von besonderem Interesse und erfordert eine spezielle Erörterung.

4. Warum zerlegt ein Prisma das Sonnenlicht in verschiedene Farben?

4.1. Die Dispersion des Lichtes

An einem hellen Sonnentag verschließen wir das Zimmerfenster mit einer dichten Gardine, die wir mit einer kleinen Öffnung versehen. Durch diese Öffnung dringt ein schmaler Sonnenstrahl in das Zimmer ein, der auf der gegenüberliegenden Wand einen hellen Fleck hervorruft. Bringt man in den Strahlengang ein Prisma, wandelt sich der Fleck in einen Streifen mit verschiedenen Farben, in dem alle Regenbogenfarben enthalten sind – vom Violett bis zum Rot (Abb. 4.1). Die Zerlegung des Sonnenlichtes in verschiedene Farben nennt man *Dispersion*. Der verschiedenfarbige Streifen in Abb. 4.1 stellt das *Sonnenspektrum* dar.

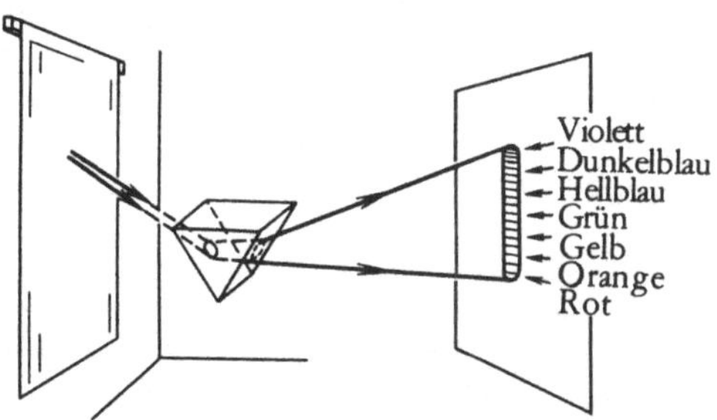

Abb. 4.1

4.2. Die ersten Versuche mit Prismen; Vorstellungen über die Ursachen der Farbentstehung vor Newton

Der beschriebene Versuch ist eigentlich schon sehr alt. Bereits im 1. Jh. u. Z. war bekannt, daß große Einkristalle (in der Natur entstandene sechseckige Prismen) die Eigenschaft besitzen, Licht in Farben zu zerlegen. Die ersten Untersuchungen zur Dispersion durch Experimente mit gläsernen dreieckigen Prismen wurden von dem Engländer Harriot (1560–1621) durchgeführt. Unabhängig von ihm führte der tschechische Naturforscher Marci (1595–1667) analoge Experimente aus. Er stellte fest, daß jeder Farbe ihr Brechungswinkel entspricht. Jedoch wurden vor Newton solche

Beobachtungen nicht durch eine genügend seriöse Analyse bestätigt, und die auf ihrer Grundlage gezogenen Schlußfolgerungen wurden nicht durch zusätzliche Experimente überprüft. So herrschten in der Wissenschaft lange Zeit Vorstellungen vor, die die Entstehung der Farben nicht richtig erklären konnten. Wenn wir über diese Vorstellungen sprechen, muß man mit der Farbentheorie von Aristoteles (4. Jh. v. u. Z.) beginnen. Aristoteles behauptete, die Unterschiede in den Farben entständen durch unterschiedliche Mengen an Dunkelheit, die dem weißen Sonnenlicht beigemengt seien. Nach Aristoteles entsteht Violett durch die größte dem Licht zugefügte Menge Dunkelheit und Rot durch die geringste Menge. Somit sind nach Aristoteles die Regenbogenfarben zusammengesetzte Farben, die Grundfarbe ist das weiße Licht. Es ist interessant, daß auch das Erscheinen von Glasprismen und die ersten Versuche zur Beobachtung der Lichtzerlegung mit Prismen keinen Zweifel an der Richtigkeit der Aristotelesschen Theorie der Farbentstehung hervorriefen. Auch Harriot und Marci blieben Anhänger dieser Theorie. Das ist nicht verwunderlich, da die Zerlegung des Lichtes in Farben mit einem Prisma die Vorstellungen über die Entstehung der Farben durch Vermischung von Licht und Dunkelheit auf den ersten Blick zu unterstützen schien. Der Leser sei daran erinnert, daß bei dem Versuch mit dem Doppelprisma, der am Ende des vorangegangenen Kapitels beschrieben wurde, die Regenbogenstreifen genau am Übergang von dunklen Streifen zum hellen Gebiet entstehen, d. h. an der Grenze zwischen Dunkelheit und hellem Licht. Es ist kein Wunder, daß aus dem Fakt, daß der violette Strahl im Prisma den längsten Weg im Vergleich zu den anderen farbigen Strahlen zurücklegt, die Schlußfolgerung gezogen wurde, daß die violette Farbe beim größten Verlust des „Weißheitsgrades" des weißen Lichtes beim Durchgang durch das Prisma entstände. Mit anderen Worten, während des längsten Weges erfolge die größte Zumischung von Dunkelheit zum weißen Licht.
Die Fehlerhaftigkeit solcher Schlußfolgerungen kann man leicht durch entsprechende Experimente mit genau den gleichen Prismen beweisen. Vor Newton wurden sie jedoch nicht durchgeführt.

4.3. Newtons Versuche mit Prismen; die Newtonsche Theorie der Farbentstehung

Der große englische Gelehrte Isaac Newton führte einen ganzen *Komplex* von optischen Experimenten mit Prismen aus, die er ausführlich in seinen Werken „Opticks", „New Theory about Light and Colors", aber auch in den „Lectiones Opticae et Geometriae" (die erst nach dem Tod des Gelehrten veröffentlicht wurden) beschrieb. Newton bewies überzeugend die Fehlerhaftigkeit der Vorstellungen von der Entstehung der Farben aus der Vermischung von Dunkelheit und weißem Licht. Auf der Grundlage der durchgeführten Experimente konnte er erklären: „Es entstehen keine Farben aus zusammengemischtem Weiß und Schwarz, außer Übergangsgrautönen; die Menge des Lichtes verändert die Art der Farbe nicht." Newton zeigte, daß das weiße Licht nicht elementar ist, man muß es als zusammengesetzt betrachten (nach Newton „inhomogen"; entsprechend der heutigen Terminologie „nichtmonochromatisch"); elementar sind dagegen die verschiedenen Farben („homogene" Strahlen oder anders „monochromatische" Strahlen). Die Entstehung der Farben bei den Versuchen mit Prismen ist das Resultat der Zerlegung des zusammengesetzten (weißen) Lichtes in Grundbestandteile (in verschiedene Farben). Diese Zerlegung erfolgt aus dem Grunde, daß jeder Farbe ihr spezieller Brechungsgrad entspricht. Dieses sind die wichtigsten von Newton gezogenen Schlußfolgerungen; sie stehen hervorragend mit modernen wissenschaftlichen Vorstellungen im Einklang.

Die von Newton durchgeführten optischen Untersuchungen besitzen nicht nur bezüglich ihrer Resultate großes Interesse, sondern auch vom methodischen Standpunkt aus gesehen. Die von Newton erarbeitete Methodik der Untersuchungen mit Prismen (insbesondere die Methode der gekreuzten Prismen) überdauerte Jahrhunderte und ging in das Arsenal der modernen Physik ein. Als Newton mit den optischen Untersuchungen begann, stellte er sich die Aufgabe, „die Eigenschaften des Lichtes nicht mit Hypothesen zu erklären, sondern sie zu erfassen und sie mit Überlegungen und Experimenten zu beweisen". Um den einen oder anderen Gedanken zu überprüfen, erdachte der Gelehrte gewöhnlich mehrere verschiedene Versuche und führte sie auch aus. Er unterstrich, daß es notwendig sei, verschiedene Methoden anzuwenden, „um ein und dasselbe zu überprüfen, da Überfluß den Prüfenden nicht stört".

Betrachten wir einige der interessantesten Newtonschen Versuche mit Prismen und die Schlußfolgerungen, zu denen der Gelehrte auf der Grundlage der erhaltenen Resultate kam. Eine Gruppe von Versuchen war der Überprüfung der Übereinstimmung zwischen der Farbe des Lichtstrahls und seiner Brechbarkeit gewidmet (mit anderen Worten, zwischen der Farbe und der Größe der Brechzahl). Heben wir drei dieser Versuche hervor.

Versuch 1. *Die Betrachtung eines verschiedenfarbigen Streifens durch ein Prisma.* Man nimmt einen Papierstreifen, dessen eine Hälfte tief rot gefärbt ist und die andere Hälfte intensiv blau (Abb. 4.2a: R rot, B blau). Dieser Streifen wird durch ein

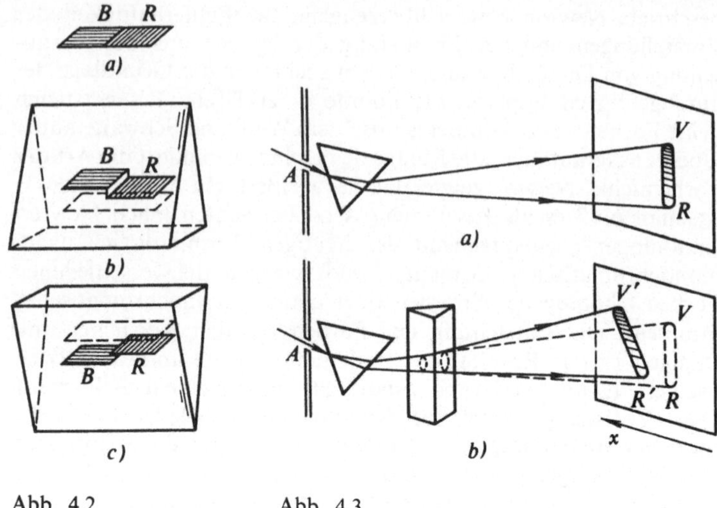

Abb. 4.2   Abb. 4.3

Glasprisma betrachtet, dessen Brechkanten parallel zum Streifen orientiert sind. „Ich fand", schreibt Newton, „daß in dem Falle, in dem der Brechungswinkel des Prismas nach oben zeigt und das Papier infolge der Brechung angehoben erscheint, die blaue Seite durch die Brechung stärker angehoben wird als die rote Seite. Ist der Brechungswinkel des Prismas nach unten gerichtet und das Papier scheint infolge der Brechung herabgesunken zu sein, so erscheint der blaue Teil etwas tiefer als der rote." Beide von Newton genannten Situationen werden in Abb. 4.2 illustriert: Im Fall b ist das Prisma mit dem brechenden Winkel nach oben orientiert und im Fall c nach unten. Newton zog die Schlußfolgerung: „In beiden Fällen erleidet das Licht, das von der blauen Hälfte des Papiers das Auge erreicht, beim Durchgang durch das Prisma unter gleichen Bedingungen eine stärkere Brechung als das Licht, das von der roten Hälfte ausgeht, und es wird folglich stärker gebrochen."

Versuch 2. *Der Durchgang des Lichtes durch gekreuzte Prismen.* Vor die Öffnung *A*, die in ein verdunkeltes Zimmer ein enges Bündel Sonnenstrahlen einläßt, wird ein Prisma angebracht, dessen brechende Kante horizontal orientiert ist (Abb. 4.3 a). Auf dem Bildschirm erscheint ein vertikal gestreckter Farbstreifen *RV*, dessen unterster Abschnitt rot und dessen oberster Abschnitt violett gefärbt ist. Nun umreißen wir auf dem Bildschirm die Konturen des Streifens mit einem Bleistift. Danach bringen wir zwischen das betrachtete Prisma und den Bildschirm noch ein solches Prisma, nur ist jetzt die brechende Kante (des zweiten Prismas) vertikal orientiert, d. h. senkrecht zur brechenden Kante des ersten Prismas. Das aus der Öffnung A heraustretende Lichtbündel verläuft nacheinander durch zwei gekreuzte Prismen. Auf dem Bildschirm erscheint der Spektrenstreifen $R'V'$, der bezüglich der Kontur RV entlang der x-Achse verschoben ist. Dabei ist das violette Ende des Streifens weiter verschoben als das rote Ende, so daß der Spektrenstreifen gegenüber der Vertikalen geneigt ist. Newton gelangt zu der Schlußfolgerung: Wenn das Experiment mit einem einzelnen Prisma es gestattet, zu behaupten, daß den Strahlen mit unterschiedlichem Brechungsgrad verschiedene Farben entsprechen, so beweist der Versuch mit den gekreuzten Prismen auch die *umgekehrte* These – Strahlen mit verschiedener Farbe besitzen einen unterschiedlichen Brechungsgrad. Und wirklich, der Strahl, der im ersten Prisma am stärksten gebrochen wird, ist der violette Strahl. Und wenn dieser violette Strahl danach durch das zweite Prisma geht, erleidet er wiederum die stärkste Brechung. Bei der Erörterung der Ergebnisse des Experiments mit den gekreuzten Prismen bemerkte Newton: „Aus diesem Versuch folgt ebenfalls, daß die Brechung einzelner Lichtstrahlen nach den gleichen Gesetzen erfolgt, unabhängig davon, ob sie sich in einem Gemisch mit Strahlen anderer Art befinden oder ob das Licht zuerst in Farben zerlegt wurde und diese einzeln gebrochen werden."

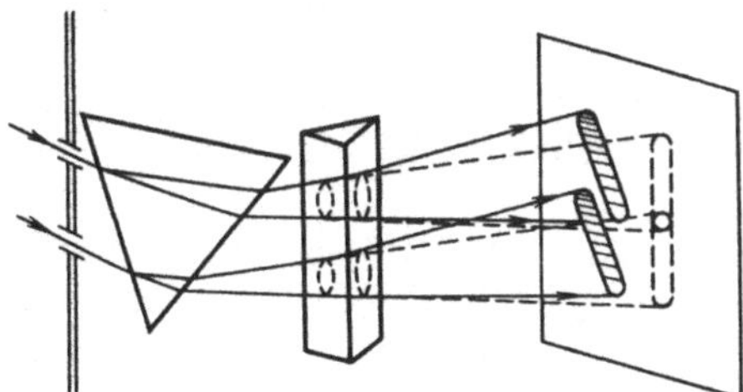

Abb. 4.4

In Abb. 4.4 wird noch eine Variante des Versuchs mit gekreuzten Prismen vorgestellt: Durch die Prismen gehen zwei gleichartige Lichtbündel hindurch. Beide Lichtbündel erzeugen auf dem Bildschirm gleichartige Spektrenstreifen, ungeachtet dessen, daß die Strahlen ein und derselben Farbe (aber aus unterschiedlichen Bündeln) im ersten Prisma Wege unterschiedlicher Länge zurücklegen. Damit wird die obengenannte Annahme widerlegt, daß die Farbe von der Weglänge der Lichtstrahlen innerhalb des Prismas abhängt.

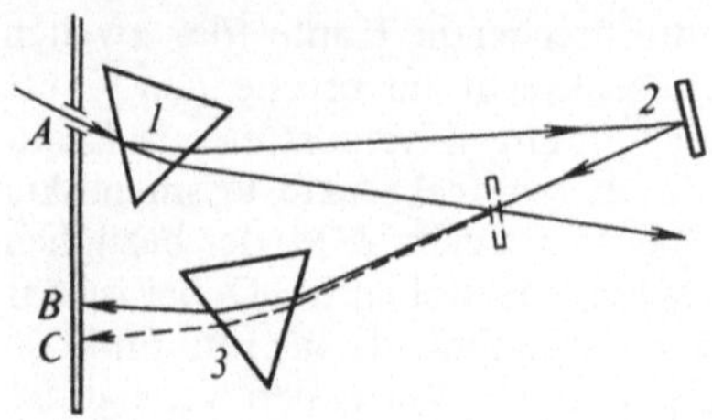

Abb. 4.5

Versuch 3. *Der Durchgang des Lichtes durch ein System aus zwei Prismen und einem reflektierenden Spiegel* (Abb. 4.5). Ein Sonnenstrahlenbündel tritt aus der Öffnung *A* heraus, verläuft durch das Prisma *1* und gelangt zum Spiegel *2*. Wir orientieren den Spiegel so, daß nur der Teil der Strahlen auf das Prisma *3* gerichtet wird, der die größte Brechung erleidet. Diese Strahlen erreichen den Bildschirm im Punkt *B*, nachdem sie im Prisma *3* erneut gebrochen wurden. Danach verschieben wir den Spiegel *2* und postieren ihn jetzt so, daß er diejenigen Strahlen auf das Prisma *3* richtet, die die geringste Brechung erleiden (s. gestrichelte Darstellung). Nach der Brechung im Prisma *3* fallen diese Strahlen im Gebiet des Punktes *C* auf den Bildschirm. Es wird eindeutig ersichtlich, daß die Strahlen, die im ersten Prisma am stärksten gebrochen werden, auch im zweiten Prisma am stärksten gebrochen werden.

All diese Experimente gestatteten es Newton, die gesicherte Schlußfolgerung zu ziehen: „Durch Experimente wird bewiesen, daß die Strahlen, die verschieden gebrochen werden, verschiedene Farben besitzen; es wird auch das umgekehrte bewiesen, daß Strahlen, die unterschiedlich gefärbt sind, Strahlen sind, die unterschiedlich gebrochen werden."

Ferner stellte Newton die Frage: „Kann man die Farbe von Strahlen irgendeiner Art im einzelnen durch die Brechung verändern?" Nach der Durchführung einer Serie sorgfältig durchdachter Experimente gelangte der Gelehrte zu einer negativen Antwort auf die gestellte Frage. Betrachten wir einen dieser Versuche.

Versuch 4. *Der Durchgang des Lichtes durch Prismen und Schirme mit Spalten* (Abb. 4.6). Ein Bündel von Sonnenstrahlen wird durch das Prisma *1* in Farben zerlegt. Durch die Öffnung *B* eines hinter diesem Prisma aufgestellten Schirms verläuft ein Teil der Strahlen einer bestimmten Farbe. Diese Strahlen passieren danach die Öffnung *C* eines zweiten Schirms und fallen auf das Prisma *2*. Drehen wir das Prisma *1*, so können wir mit Hilfe der Schirme mit den Öffnungen Strahlen der einen oder anderen Farbe aus dem Spektrum herausfiltern und ihre Brechung im Prisma *2* untersuchen. Der

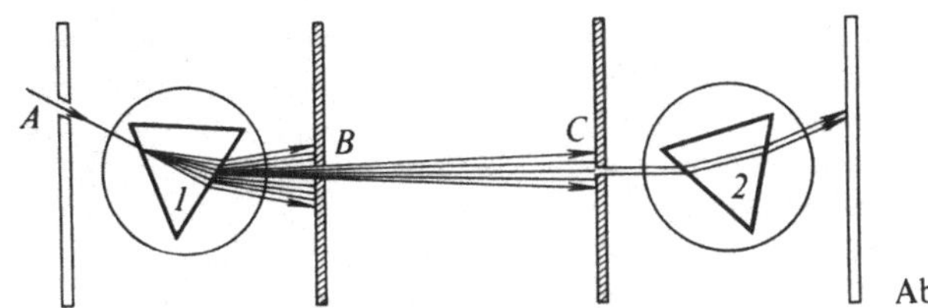

Abb. 4.6

Versuch zeigte, daß die Brechung im Prisma *2* zu keiner Veränderung der Farbe der Strahlen führt.

Die endgültige Schlußfolgerung formulierte Newton folgendermaßen: „Die Farbe und der Brechungsgrad, die für jede einzelne Art von Strahlen charakteristisch sind, werden weder durch Brechung noch durch Reflexion, noch durch eine andere Ursache, die ich beobachten konnte, verändert. Wenn eine Art von Strahlen gut von den anderen Strahlenarten abgetrennt wurde, so behielt sie danach beharrlich ihre Farbe, ungeachtet meiner äußersten Bemühungen, sie zu verändern."

Eine solche Schlußfolgerung folgt faktisch auch aus dem oben betrachteten Versuch mit den gekreuzten Prismen. Bei nicht zu kleinem Abstand zwischen den Prismen kann man annehmen, daß auf das zweite Prisma monochromatische Strahlen fallen, deren Farbe sich stetig entlang der brechenden Kante verändert. Das auf dem Bildschirm zu beobachtende Spektrum zeigt, daß dieses Prisma jeden dieser Strahlen nur ablenkt, ohne seine Farbe zu verändern.

Es soll unterstrichen werden, daß Newton bei der Untersuchung der Brechung von monochromatischen Lichtstrahlen den ersten *Lichtmonochromator* entwickelt und gebaut hat. (Das ist ein Gerät zur Abtrennung einer optischen Strahlung mit Wellenlängen in einem bestimmten Wertebereich.) Für die Begrenzung des auf das Prisma fallenden Lichtbündels schlug Newton die Benutzung einer Sammellinse vor. Die Linse wird zwischen Prisma und Öffnung derart angebracht, daß sich die Öffnung im Brennpunkt der Linse befindet. In diesem Fall fällt ein schwach auseinandergehendes (gebündeltes) Lichtbündel auf das Prisma (Abb. 4.7). Ein moderner Erforscher der spektralen Zusammensetzung von Strah-

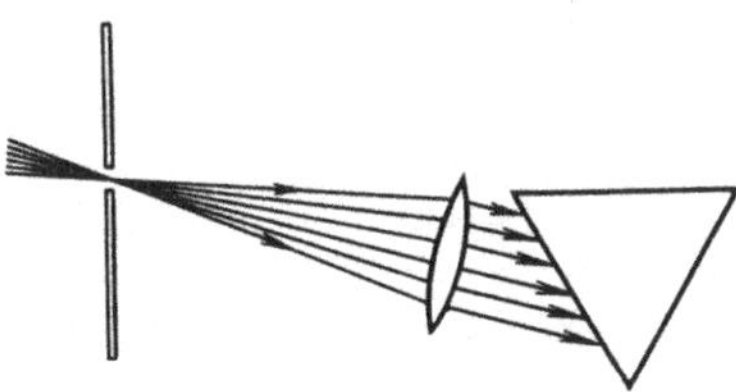

Abb. 4.7

5-240

lungen wiederholt dem Wesen nach genau die gleichen Handgriffe, die Newton als erster ausführte. Er stellt ebenso das Prisma in den Winkel der geringsten Ablenkung, reguliert und fokussiert den Spalt des Kollimators (wie es auch Newton damals machte), indem er die Lage der Hilfslinse variiert.

Überaus interessant sind auch Newtons Experimente zur Mischung von Farben. Betrachten wir zwei dieser Versuche.

Versuch 5. *Die Beobachtung der Farbmischung mit Hilfe einer Sammellinse* (Abb. 4.8). Ein aus der Öffnung A heraustretendes

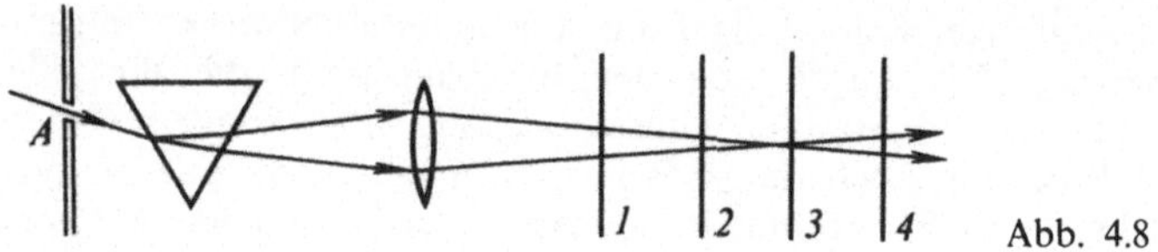

Abb. 4.8

Bündel Sonnenstrahlen verläuft durch das Prisma und danach durch eine Sammellinse. Der Beobachter bringt in den Strahlengang hinter die Linse ein Blatt weißes Papier. Wird das Blatt nacheinander in die in der Abbildung mit *1, 2, 3* und *4* bezeichneten Lagen verschoben, kann der Beobachter sehen, „wie sich die Farben schrittweise vereinen und in das Weiß verschwinden. Wird die Position, in der das Weiß entstand, überschritten, streuen und teilen sie sich wieder, und es entstehen die Farben in umgekehrter Reihenfolge, wie sie vor der Vermischung existierten." Newton bemerkte ebenfalls: „Wird eine der Farben an der Linse zurückgehalten, verändert sich das Weiß in andere Farben."

Versuch 6. *Beobachtung der Farbmischung bei Benutzung von entgegengesetzt gerichteten Prismen.* Wir bringen in den Gang eines Lichtbündels nacheinander zwei Prismen, deren brechende Kanten in entgegengesetzte Richtungen orientiert sind. In Abb. 4.9 ist das Prisma *1* mit der Kante nach unten und das

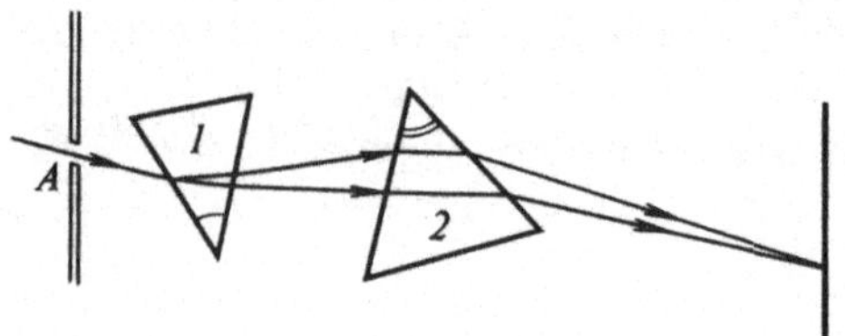

Abb. 4.9

Prisma *2* mit der Kante nach oben orientiert. Der Brechungswinkel des Prismas *2* muß größer als der des Prismas *1* sein, damit das Lichtbündel hinter dem Prisma *2* zusammenläuft. Der Versuch zeigt, daß das Prisma *2* die bei Zerlegung des

Sonnenlichtes durch das Prisma *1* erhaltenen Farben vermischt. Im Resultat entsteht erneut weißes Licht.

Man kann also das Sonnenlicht nicht nur in Farben zerlegen, sondern man kann auch die umgekehrte Operation durchführen – die Farben mischen und Sonnenlicht erzeugen. Das alles gab Newton die Grundlage für die Schlußfolgerung: „Das Sonnenlicht besteht aus Strahlen unterschiedlicher Brechbarkeit."

Es ist angebracht, an dieser Stelle zur Frage der Entstehung des Regenbogens im Versuch mit dem Doppelprisma genau an der Grenze zwischen Licht und Schatten (s. vorangegangenes Kapitel) zurückzukehren. Die Regenbogenfärbung verschwindet beim Eindringen in das Innere des beleuchteten Gebietes des Bildschirms aufgrund der Vermischung der Farben, die schließlich weißes Licht ergibt. Analog interpretiert die moderne Optik die regenbogenfarbigen Ränder an der Kontur eines Objektes, das durch ein Prisma in nichtmonochromatischem Licht betrachtet wird.

Wir ziehen nun Bilanz aus den Resultaten der optischen Untersuchungen von Newton mit Prismen, indem wir einen Abschnitt aus den Newtonschen „Lectiones Opticae" zitieren: „Licht besteht aus Strahlen aller Farben, nicht nur beim Austritt aus einem Prisma, sondern auch dann, wenn es das Prisma noch nicht erreicht hat, d. h. vor jeder Brechung. Deshalb ist es nicht verwunderlich, daß das Licht aufgrund der Eigenschaft eines Prismas, die Strahlen nicht gleichartig zu brechen, in Farben zerlegt wird und erneut aus diesen Farben mit Hilfe einer Linse oder einer beliebig anderen Methode zusammengesetzt werden kann, wobei wiederum weißes Licht entsteht."

Man kann die Bedeutung der Newtonschen Forschungsarbeiten nicht hoch genug einschätzen. Einer der herausragendsten sowjetischen Physiker, L. I. Mandelstam (1879–1944), der einen großen Beitrag zur Entwicklung der Optik leistete, betonte in seinem Vortrag „Die optischen Arbeiten Newtons": „Newton legte als erster eine wirkliche Lehre über die Farben vor, auf deren Grundlage er selbst eine Vielzahl von neuen Fakten fand, die qualitativ miteinander verbunden sind, und wies den Weg zum Auffinden von neuen Fakten... Die Fragen über die Farben sprengten den Rahmen der vornewtonschen geometrischen Optik. Newton bewies die Gültigkeit des Brechungsgesetzes für jede einzelne Farbe. Somit erhielt die geometrische Optik nur dank der Entdeckungen von Newton ihre heutige abgeschlossene quantitative Form. Eine ganze Klasse von Erscheinungen wurde quantitativen Betrachtungen zugänglich." Mandelstam unterstrich: „Neben ihrer großen faktischen Bedeutung stellen die Newtonschen Arbeiten eine prinzipielle Richtungsänderung der

5*

physikalischen Wissenschaft überhaupt dar." Es ist kaum übertrieben zu sagen, daß vor Newton alle Forscher, darunter auch Galilei, bei der Untersuchung physikalischer Probleme von Apriori-Vorstellungen ausgingen. Das Experiment diente ihnen als Überprüfung oder, im besten Fall, zur Einführung von Korrekturen. Newton trennte sich von dieser Tradition. Er stand auf dem Standpunkt, daß die Beobachtung, das Experiment und die Verallgemeinerung der erhaltenen Resultate Methoden der Erkenntnis sind, daß „die beste und hoffnungsvollste Methode des Philosophierens offensichtlich darin besteht, daß zunächst intensiv die Stoffeigenschaften untersucht und diese Eigenschaften durch Experimente bestätigt werden und danach vorsichtig zu Hypothesen für ihre Erklärung übergegangen wird."

Ein anderer herausragender sowjetischer Physiker, S. I. Wawilow (1891–1951), der unter anderem die Newtonschen Werke „Lectiones Opticae" und „Opticks" ins Russische übersetzte, schrieb: „Im Unterschied zu allen seinen Vorgängern (sogar zu solchen wie Leonardo, Galilei, Gilbert) erreicht Newton die Kunst des rationalen Experiments, das auf einzelne Fragen antwortet und umgekehrt neue Fragen hervorruft. In seinen Händen wird die Kombination von Experimenten zu einem ebenso mächtigen und flexiblen Mittel des wissenschaftlichen Denkens wie die Logik und die Mathematik."

4.4. Werke von Euler; Zuordnung von verschiedenen Wellenlängen zu den Farben

Die Theorie der Dispersion entwickelte sich auf dem Fundament der optischen Untersuchungen von Newton weiter. Es wurde klar der Fakt herausgestellt, daß jeder „Farbe" im Spektrum ihre Lichtwelle bestimmter Wellenlänge zugeordnet werden muß. In dieser Hinsicht wollen wir die Arbeiten des berühmten russischen Mathematikers Leonard Euler (1707–1783) nennen. Nach Meinung von Wawilow „untersuchte Euler die Bewegung des Lichtstrahls und schrieb dabei, wahrscheinlich als erster in der Geschichte der Optik, die uns heute geläufige Gleichung der ebenen harmonischen Welle nieder, d.h., er schuf den Apparat der elementaren Wellenoptik."

In Tab. 1 wird die Zuordnung zwischen den verschiedenen Farben und den entsprechenden Wellenlängen des Lichtes in Luft angegeben. Betrachtet man die Tabelle, stößt man auf zwei wichtige Umstände. Der erste Umstand ist der, daß der Übergang von einer Farbe zur anderen *stetig*, ununterbrochen vor sich geht. Jeder Farbe wird nicht eine einzige Wellenlänge des Lichtes zugeordnet,

Tabelle 1

Farbe	Wellenlänge des Lichtes in μm
Violett	0,4–0,45
Dunkelblau	0,45–0,5
Hellblau	0,5–0,53
Grün	0,53–0,57
Gelb	0,57–0,59
Orange	0,59–0,62
Rot	0,62–0,75

sondern Wellenlängen, die in ein bestimmtes Werteintervall fallen. So ist für die violette Farbe in der Tabelle das Intervall von ungefähr 0,4 bis 0,45 μm angegeben. Wir sprechen deshalb von „ungefähr", da die Grenzen der Farbintervalle selbst ungenau sind. Künstler wissen sehr gut, wie viele verschiedene Töne die eine oder die andere Farbe besitzen kann; sie alle unterscheiden sich durch ihre Wellenlänge (oder die Zusammensetzung ihrer Wellenlängen). Strenggenommen ist die Einteilung in genau *sieben* Farben (violett, dunkelblau, hellblau, grün, gelb, orange, rot) willkürlich und besitzt keine exakte physikalische Grundlage. Deshalb muß man sich, wenn man über monochromatisches Licht spricht, nicht den *Farben* zuwenden (wie es Newton tat), sondern der *Wellenlänge* des Lichtes (wie es in der modernen Optik üblich ist). Übrigens verlangt auch der Begriff des monochromatischen Lichtes eine genauere Betrachtung. Lichtstrahlen mit einer streng definierten Wellenlänge existieren nicht; in einem beliebigen Lichtstrahl ist ein ganzes Sortiment von Wellenlängen im Intervall von λ bis $\lambda + \Delta\lambda$ vertreten. In der Praxis werden solche Strahlen als monochromatisch betrachtet, für die gilt: $\Delta\lambda/\lambda \ll 1$. Je geringer $\Delta\lambda/\lambda$ ist, in desto stärkerem Maße ist das Licht monochromatisch. Den höchsten Grad an Monochromatisierung weist die Laserstrahlung auf; in diesem Fall erreicht $\Delta\lambda/\lambda$ die Größenordnung 10^{-6} und darunter.

Der zweite wichtige Umstand, der aus der Tabelle ersichtlich ist, ist damit verbunden, daß die Wellenlänge des Lichtes beim Übergang vom violetten zum roten Teil des Spektrums anwächst. Die Experimente von Newton und anderen Forschern zeigten, daß die Brechzahl bei dem genannten Übergang abnimmt. Hieraus folgt: Die Abhängigkeit der Brechzahl von der Wellenlänge des Lichtes wird durch eine *fallende* Funktion beschrieben. Anders ausgedrückt, *mit Zunahme der Wellenlänge nimmt die Brechzahl ab.*

4.5. Entdeckung der anomalen Lichtdispersion; Experimente von Kundt

Bis zur zweiten Hälfte des 19. Jh. nahm man an, daß diese Schlußfolgerung immer richtig ist. Aber im Jahre 1860 entdeckte der
französische Physiker LeRoux bei der Untersuchung der Brechzahlen verschiedener Stoffe unerwartet, daß Ioddämpfe dunkel-
blaue Strahlen weniger brechen als rote Strahlen. LeRoux nannte
die beobachtete Erscheinung *anomale Dispersion* des Lichtes.
Wenn bei der gewöhnlichen (normalen) Dispersion die Brechzahl
mit Anwachsen der Wellenlänge abnimmt, so wird die Brechzahl
bei der anomalen (nicht gewöhnlichen) Dispersion größer. Die
Erscheinung der anomalen Dispersion wurde detailliert von dem
deutschen Physiker Kundt in den Jahren 1871/72 untersucht.
Dabei wandte Kundt die Methode der gekreuzten Prismen an, die
seinerzeit von Newton vorgeschlagen wurde.

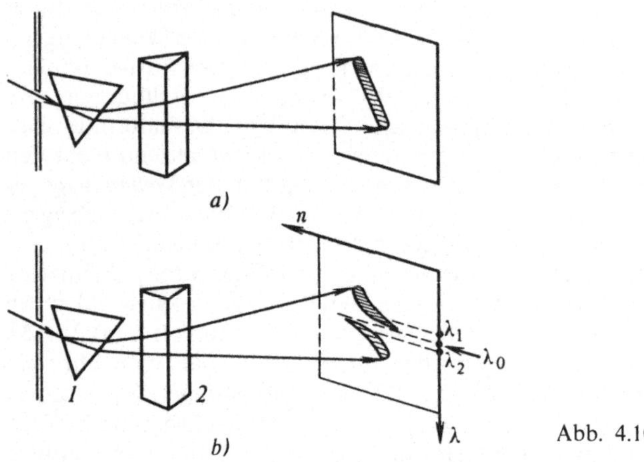

Abb. 4.10

In Abb. 4.10a wird das dem Leser bereits bekannte Bild
dargestellt: Nach dem Durchgang durch zwei gekreuzte
Glasprismen ergibt das Licht auf einem Bildschirm einen geneigten
Spektrenstreifen. Wir nehmen jetzt an, daß eines der Glasprismen
durch eine hohle prismatische Küvette ersetzt wird, die mit der
Lösung einer organischen Verbindung, die Cyanin genannt wird,
gefüllt ist; genau ein solches Prisma verwendete Kundt in einem
seiner Versuche. Schematisch wird dieser Kundtsche Versuch in
Abb. 4.10b vorgestellt, wo *1* das Glasprisma und *2* das mit der
Cyaninlösung gefüllte Prisma ist. Das Glasprisma ergibt die
normale Dispersion. Da seine brechende Kante nach unten

orientiert ist, ist die Achse der Wellenlängen des Strahlenbündels, das aus diesem Prisma heraustritt, ebenfalls nach unten gerichtet (die Achse λ auf der Abbildung). Entlang der dazu senkrecht verlaufenden Richtung auf dem Bildschirm (entlang der Achse n) wird der Wert der Brechzahl des das zweite Prisma füllenden Stoffes abgetragen. Auf dem Bildschirm kann man dann ein überaus spezifisches Spektrenbild beobachten, das sich qualitativ von den von Newton in seinen Experimenten beobachteten Spektren unterscheidet. Es ist zu erkennen, daß $n(\lambda_1) < n(\lambda_2)$, obwohl $\lambda_1 < \lambda_2$. Das Verdienst von Kundt besteht nicht nur darin, daß er die Erscheinung der anomalen Dispersion überzeugend demonstrierte, sondern auch darin, daß er auf die Verbindung zwischen dieser Erscheinung und dem *Lichtabsorptionsvermögen* des Stoffes verwies. Die in der Abbildung gekennzeichnete Wellenlänge λ_0 ist die Wellenlänge, in deren Umgebung eine starke Lichtabsorption durch die Cyaninlösung beobachtet wird.

Spätere Untersuchungen der anomalen Dispersion zeigten, daß man die interessantesten experimentellen Ergebnisse dann erhält, wenn man anstelle der gekreuzten Prismen z. B. ein Prisma und ein Interferometer benutzt. Eine solche experimentelle Methode wurde von dem russischen Physiker D. S. Roshdestwenski zu Beginn des 20. Jh. angewendet. Abb. 4.11, die eine von

Abb. 4.11

Roshdestwenski aufgenommene Fotografie wiedergibt, demonstriert den Effekt der anomalen Dispersion in Natriumdämpfen. Dieser Gelehrte führte in die verwendete Methode wesentliche Verbesserungen ein und entwickelte die in der modernen experimentellen Optik verbreitete sog. Hakenmethode. Modernen Vorstellungen entsprechend werden die normale und die anomale Dispersion als Erscheinungen von einheitlicher Natur betrachtet, die im Rahmen einer *einheitlichen Theorie* beschrieben werden. Diese Theorie basiert auf der elektromagnetischen Theorie des Lichtes auf der einen Seite und auf der Elektronentheorie der Stoffe auf der anderen Seite. Genaugenommen behält der Ausdruck „anomale Dispersion" nur noch seinen historischen Aspekt. Vom heutigen Standpunkt aus betrachtet, ist die normale Dispersion die Dispersion weit entfernt von der Wellenlänge des Lichtes, bei der die Lichtabsorption im gegebenen Stoff erfolgt, und die anomale Dispersion ist die Dispersion im Bereich des

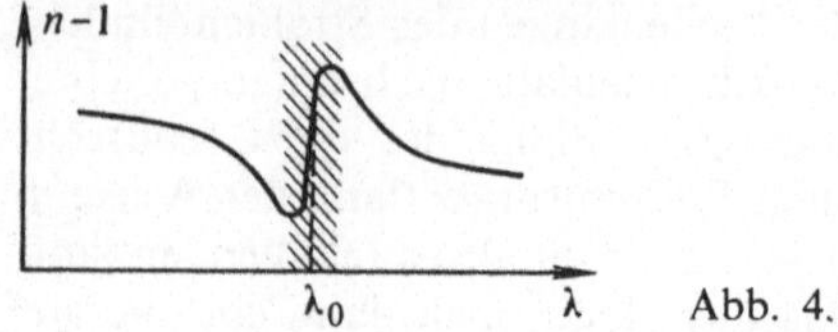

Abb. 4.12

Absorptionsstreifens des Stoffes. In Abb. 4.12 wird die charakteristische Abhängigkeit der Brechzahl von der Lichtwellenlänge für einen bei λ_0 stark absorbierenden Stoff gezeigt. Im nicht schraffierten Gebiet beobachtet man die normale Dispersion, im schraffierten Gebiet die anomale Dispersion.

4.6. Bemerkungen zu Reflexionsprismen

Bevor wir zu Fragen der praktischen Anwendung der Dispersion in Prismen und prismatischen Aufbauten übergehen, erinnern wir uns zunächst an die im vorhergehenden Kapitel bezüglich der Reflexionsprismen in Abb. 3.5c gemachten Bemerkungen. Dieses Prisma nennt man *Dove-Prisma*. Wir sagten, daß in der Praxis in diesem Prisma keine Zerlegung des Lichtes in Farben zu beobachten ist, da alle Strahlen aus dem Prisma parallel zueinander heraustreten und das ursprüngliche Bündel eine bestimmte Breite besitzt. Nehmen wir einmal an, das Lichtbündel sei unendlich schmal und enthalte der Einfachheit halber nur zwei Wellenlängen, die dem violetten und dem roten Gebiet im Spektrum entsprechen. Wie aus Abb. 4.13a ersichtlich, treten der

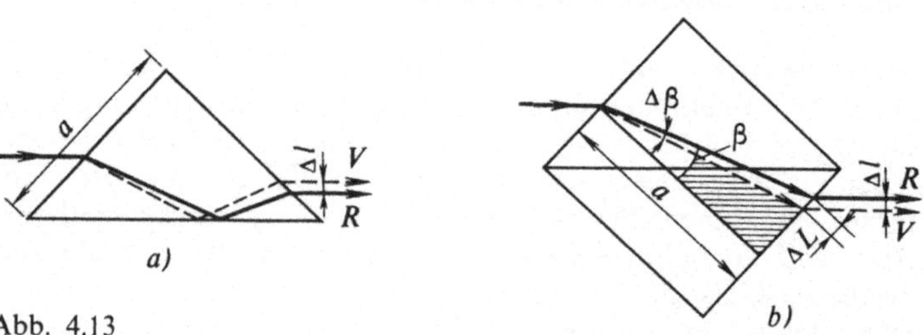

Abb. 4.13

violette und der rote Strahl parallel zueinander aus dem Prisma aus und sind gegeneinander um einen bestimmten Abstand Δl verschoben. Diese Verschiebung hängt von der Länge der Seitenfläche des Prismas a und von den Brechzahlen für den roten und den violetten Strahl ab. Es ist klar, daß ein reales Lichtbündel immer eine bestimmte Breite besitzt; wir bezeichnen sie mit d. Es ist offensichtlich, daß ein Beobachter den roten und den violetten Strahl am Ausgang des Prismas nur dann unterscheiden kann (man sagt gewöhnlich „auflösen"), wenn $\Delta l > d$. Im entgegengesetzten Fall werden sich die genannten Strahlen (genauer Bündel) überlagern und vermischen.

Wir betrachten folgende Aufgabe. *Gesucht wird die maximal zulässige Breite d eines Lichtbündels, die es gestattet, am Ausgang eines Dove-Prismas die Lichtstrahlen mit der Brechzahl $n = 1,33$ (roter Strahl) und $n + \Delta n = 1,34$ (violetter Strahl) aufzulösen. Die Länge der Seitenfläche des Prismas beträgt $a = 4$ cm.*
Die Aufgabe kann dann besonders einfach gelöst werden, wenn man das Dove-Prisma durch einen Glaswürfel ersetzt (s. Abb. 4.13b). Man kann leicht erkennen, daß ein solcher Austausch die Betrachtung erleichtert, ohne das Wesen der Aufgabenstellung zu verändern. Die gesuchte Bündelbreite erhalten wir aus der Beziehung $d = \Delta l = \Delta L/\sqrt{2}$. Aus der Abbildung ist ersichtlich, daß

$$\Delta L = a \tan \beta - a \tan (\beta - \Delta\beta). \tag{4.1}$$

Aus dem Brechungsgesetz erhalten wir entsprechend für den roten und den violetten Strahl

$$\sin \beta = \frac{1}{n\sqrt{2}}, \qquad \sin (\beta - \Delta\beta) = \frac{1}{(n + \Delta n)\sqrt{2}}. \tag{4.2}$$

Wir benutzen Gl. (4.2) und formen Gl. (4.1) um zu

$$\Delta L = \frac{a}{\sqrt{2n^2 - 1}} - \frac{a}{\sqrt{2(n + \Delta n)^2 - 1}}$$

$$= \frac{a}{\sqrt{2n^2 - 1}} \left[1 - \sqrt{\frac{2n^2 - 1}{2(n + \Delta n)^2 - 1}} \right].$$

Weiterhin benutzen wir $\Delta n \ll n$ und nehmen folgende Umformung vor:

$$\sqrt{\frac{2n^2 - 1}{2(n + \Delta n)^2 - 1}} = \sqrt{\frac{2n^2 - 1}{2n^2 - 1 + 4n\Delta n}} = \sqrt{\frac{1}{1 + \Delta n \dfrac{4n}{2n^2 - 1}}}$$

$$= \sqrt{1 - \Delta n \frac{4n}{2n^2 - 1}} = 1 - \Delta n \frac{2n}{2n^2 - 1}.$$

Somit erhalten wir

$$\Delta l = \frac{\Delta L}{\sqrt{2}} = \sqrt{2}\; an\Delta n (2n^2 - 1)^{-3/2}. \tag{4.3}$$

Setzen wir in Gl. (4.3) die Zahlenwerte entsprechend den Bedingungen der Aufgabe ein, erhalten wir $\Delta l = 0,02$ cm. Das Lichtbündel muß also eine Breite von weniger als 1/5 mm besitzen, damit der Beobachter den roten und den violetten Strahl am Ausgang des Prismas unterscheiden kann.

4.7. Dispersionsprismen; Winkeldispersion

Die eben betrachtete Aufgabe zeigt, warum in Reflexionsprismen (und in planparallelen Platten) in der Praxis keine durch die Brechung verursachte Dispersion beobachtet werden kann. Prismen, in denen die Dispersion genügend stark auftritt, werden gewöhnlich *Dispersionsprismen* genannt. Strahlen unterschiedlicher Farbe verlassen das Dispersionsprisma unter *verschiedenen* Winkeln und können somit aufgelöst werden. Nehmen wir an, die Wellenlängen zweier Strahlen unterscheiden sich um die Größe $\Delta\lambda$ und der Ablenkwinkel dieser Strahlen im Prisma um $\Delta\delta$. Das Verhältnis $\Delta\delta/\Delta\lambda$ nennt man *Winkeldispersion* des Prismas. Je größer dieses Verhältnis ist, desto größer ist die Fähigkeit des Prismas zur Auflösung verschiedener Wellenlängen. Man kann sagen, bei Reflexionsprismen ist die Winkeldispersion gleich Null.

Wir lösen folgende Aufgabe. *Gesucht wird der Ausdruck für die Winkeldispersion eines Prismas mit dem brechenden Winkel θ bei symmetrischem Strahlengang. Es ist bekannt, daß sich beim Übergang von der Wellenlänge λ zur Wellenlänge $\lambda - \Delta\lambda$ die Brechzahl von n auf $n + \Delta n$ verändert.*

Wir benutzen die Formel (3.5) und schreiben den entsprechenden Ausdruck für die Brechzahl für den Strahl mit der Wellenlänge $\lambda - \Delta\lambda$:

$$\sin\frac{\delta + \Delta\delta + \theta}{2} = (n + \Delta n)\sin\frac{\theta}{2}. \tag{4.4}$$

Da der Winkel $\Delta\delta$ sehr klein ist, schreiben wir Gl. (4.4) in der Form

$$\sin\frac{\delta + \theta}{2} + \frac{\Delta\delta}{2}\cos\frac{\delta + \theta}{2} = n\sin\frac{\theta}{2} + \Delta n\sin\frac{\theta}{2}.$$

Hieraus erhalten wir unter Berücksichtigung von Gl. (3.5)

$$\Delta\delta = \frac{2\sin\dfrac{\theta}{2}}{\cos\dfrac{\delta + \theta}{2}}\Delta n = \frac{2\Delta n\sin\dfrac{\theta}{2}}{\sqrt{1 - \sin^2\dfrac{\delta + \theta}{2}}} = \frac{2\Delta n\sin\dfrac{\theta}{2}}{\sqrt{1 - n^2\sin^2\dfrac{\theta}{2}}}.$$

Somit gilt

$$\frac{\Delta\delta}{\Delta\lambda} = \frac{2\sin\dfrac{\theta}{2}}{\sqrt{1 - n^2\sin^2\dfrac{\theta}{2}}}\frac{\Delta n}{\Delta\lambda}. \tag{4.5}$$

Verhältnismäßig oft wird $\theta = 60°$ benutzt. In diesem Fall wird die Winkeldispersion des Prismas durch den Ausdruck

$$\frac{\Delta\delta}{\Delta\lambda} = \frac{2}{\sqrt{4 - n^2}}\frac{\Delta n}{\Delta\lambda} \tag{4.6}$$

beschrieben.

Wie in der vorhergehenden Aufgabe sei $n = 1{,}33$, $\Delta n = 0{,}01$. Wir setzen den brechenden Winkel des Prismas gleich $60°$ und benutzen somit die Beziehung $\Delta\delta = 2\Delta n/\sqrt{4 - n^2}$. Dabei erhalten wir $\Delta\delta = 0{,}013$ (oder $45'$). Das bedeutet, daß auf einem Bildschirm, der, sagen wir, einen Meter vom Prisma entfernt ist, die Zentren des roten und des violetten Strahls um $\Delta l = \Delta\delta \cdot 100$ cm $= 1{,}3$ cm verschoben sind. In diesem Fall ist es überhaupt nicht schwer, diese Strahlen aufzulösen; es ist nur notwendig, daß die Breite des Lichtbündels 1 cm nicht überschreitet.

4.8. Spektralgeräte: Monochromatoren und Spektrometer; Fuchs-Wadsworth-Schema

Dispersionsprismen finden eine breite Anwendung in verschiedenen Arten von *Spektralgeräten*. Diese Geräte sind dazu bestimmt, aus dem Strahlungsspektrum einen bestimmten Teil herauszufiltern (*Monochromatoren*) oder Strahlungsspektren zu untersuchen (*Spektroskope, Spektrographen, Spektrometer*). Die Untersuchung von Spektren (*Spektralanalyse*) besitzt eine außerordentlich große wissenschaftliche und praktische Bedeutung, da z. B. Spektren von Gasen aus einer Anzahl einzelner Linien bestehen und jedes in der Zusammensetzung des Gases enthaltene chemische Element seine genau definierten Spektrallinien hat. Aus den im untersuchten Spektrum enthaltenen Linien kann man somit die chemische Zusammensetzung des gegebenen Stoffes bestimmen.

Die Prismenspektralgeräte unterscheidet man vor allem nach dem Typ der in ihnen verwendeten optischen Schemata. Als Beispiel wollen wir das *Schema nach Fuchs – Wadsworth* betrachten. In Abb. 4.14 ist eine Variante dieses Schemas dargestellt. Ein Dispersionsprisma mit einem brechenden Winkel von $60°$ ist mit einem ebenen Spiegel fest verbunden, dessen Reflexionsebene in der vorliegenden Variante mit der Basis des Prismas zusammenfällt. Das Prisma kann man zusammen mit dem Spiegel um den Punkt O_1 drehen und dabei den Winkel φ verändern, der von der Eingangsebene des Prismas und dem ursprünglichen nichtmonochromatischen Lichtbündel gebildet wird, das sich in einer fixierten Richtung MC_1 ausbreitet. Das Lichtbündel verläuft zunächst durch das Prisma und wird dann am Spiegel reflektiert. Das ursprünglich nichtmonochromatische Lichtbündel wird im Prisma gebrochen und spaltet sich in monochromatische Strahlen auf, die aus dem Prisma in verschiedene Richtungen heraustreten. Durch den Ausgangskollimator N tritt aus dem Gerät nur der monochromatische Strahl aus, der sich nach der Reflexion am Spiegel parallel zum ursprünglich nichtmonochromatischen Bündel ausbreitet. Überzeugen wir uns davon, daß das der Lichtstrahl ist, der durch das Prisma symmetrisch verläuft, oder, anders

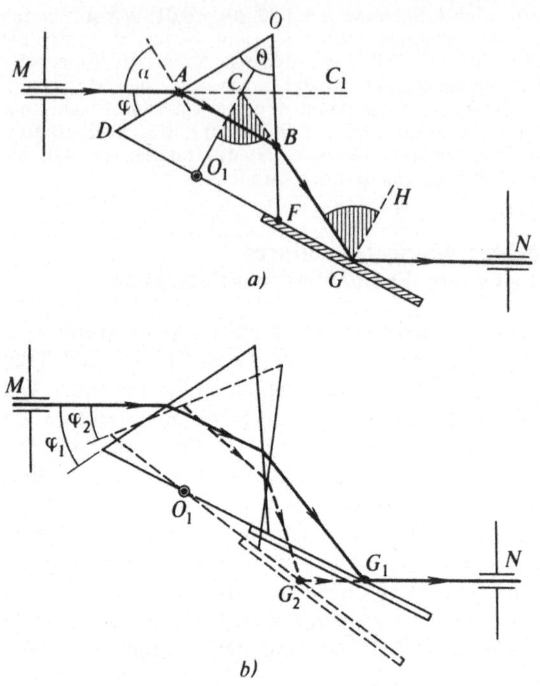

gesagt, beweisen wir, daß bei symmetrischem Strahlengang durch das Prisma der reflektierte Strahl GN parallel zu MC_1 verläuft. Dieser Strahl wird in Abb. 4.14a gezeigt. Da er durch das Prisma symmetrisch verläuft, gilt $\angle MCO_1 = \angle O_1CG$. Aus $O_1O \parallel GH$ folgt $\angle O_1CG = \angle CGH$. Außerdem gilt $\angle CGH = \angle HGN$ (Einfallswinkel = Ausfallswinkel). Somit gilt $\angle MCO_1 = \angle O_1CG = \angle CGH = \angle HGN$. Hieraus folgt $\angle MCG = \angle CGN$, und das bedeutet, daß $GN \parallel MC_1$.

Somit fällt der Lichtstrahl, dessen Wellenlänge so beschaffen ist, daß er sich im Prisma parallel zur Basis ausbreitet, nach der Reflexion am Spiegel auf den Kollimator N und verläßt das Gerät. Die restlichen Strahlen (die anderen Wellenlängen entsprechen) verlaufen nicht durch den Kollimator N. Die Wellenlänge λ des aus N heraustretenden Lichtstrahls wird durch die Brechzahl $n(\lambda)$ bestimmt, die die Bedingung

$$n(\lambda) = \frac{\sin \alpha}{\sin \dfrac{\theta}{2}} = 2 \cos \varphi \tag{4.7}$$

erfüllt (s. Gl. (3.5)).

Verändert man den Winkel φ durch geringe Drehung des Prismas und des Spiegels um O_1 (dabei bleiben die Spalten M und N fixiert), so wird die Bedingung (4.7) bereits für eine andere Wellenlänge erfüllt. Jetzt verläuft der Lichtstrahl mit dieser anderen Wellenlänge symmetrisch durch das Prisma. Dieser Lichtstrahl tritt auch durch den Kollimator N aus.

In Abb. 4.14b sind entsprechend mit einer durchgezogenen und einer gestrichelten Linie zwei Lagen des Prismas mit dem Spiegel und für jede Lage die aus N austretenden Lichtstrahlen dargestellt. Die erste Lage (durchgezogene Linien) entspricht dem Winkel $\varphi = \varphi_1$ und die zweite Lage (gestrichelte Linien) dem Winkel $\varphi = \varphi_2$. Da $\varphi_2 < \varphi_1$, gilt entsprechend Gl. (4.7) $n(\lambda_1) < n(\lambda_2)$ und folglich $\lambda_1 > \lambda_2$. Dreht man das Prisma mit dem Spiegel um O_1, kann man am Ausgang N ein monochromatisches Bündel mit der einen oder der anderen Wellenlänge (aus dem das ursprüngliche Bündel charakterisierenden Wellenlängenbereich) erhalten.

Unterstreichen wir, daß in dem betrachteten Schema (wie übrigens auch in anderen in der Praxis verwendeten Schemata) das ursprüngliche Bündel sehr gut parallellaufend sein muß. Außerdem ist es notwendig, daß der vom Spiegel reflektierte gerichtete Strahl nur auf eine bestimmte Art und Weise die Möglichkeit erhält, das Gerät zu verlassen. Dafür kann man konkave sphärische Spiegel verwenden, wie es in Abb. 4.15 dargestellt ist. Hierin ist *1* die Eintrittsöffnung, *2* ein konkaver sphärischer Spiegel, dessen Brennpunkt mit der Eintrittsöffnung zusammenfällt (dieser Spiegel bildet ein bestimmtes gerichtetes und parallellaufendes Bündel, das auf das Prisma einfällt), *3* das Prisma, *4* ein ebener Spiegel, *5* ein konkaver sphärischer Spiegel, der das gerichtete Bündel *6* zur Austrittsöffnung *7* reflektiert. (Der Brennpunkt des Spiegels fällt mit der Austrittsöffnung zusammen.)

Es versteht sich von selbst, daß das betrachtete Schema nur eines von vielen in Prismenspektralgeräten verwendeten Schemata ist.

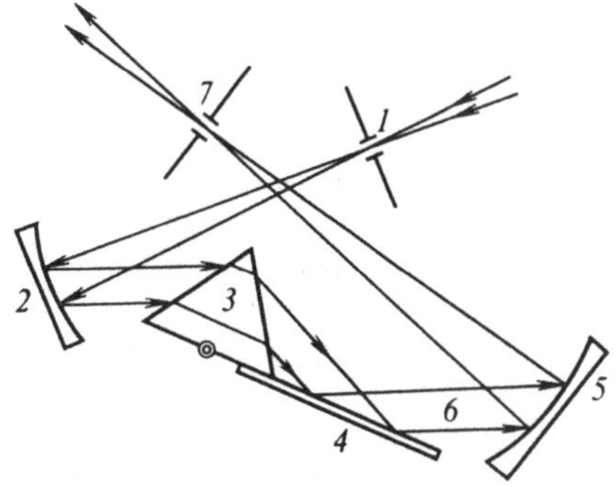

Abb. 4.15

So benutzt man z. B. Schemata mit mehreren Prismen oder solche mit Kombinationen aus Prismen und Linsen und andere.

4.9. Goethe gegen Newton

Bevor wir dieses Kapitel beenden, kehren wir noch einmal zu Newton zurück und weisen auf die aufschlußreiche Gegensätzlichkeit zwischen Goethe und Newton hin. Der größte deutsche Schriftsteller Johann Wolfgang v. Goethe (1749–1832), der großes Interesse an der Theorie der Farbentstehung zeigte und zu diesem Thema auch ein Buch schrieb, teilte die wissenschaftlichen Ansichten Newtons nicht und war mit dessen Schlußfolgerungen bezüglich der Zerlegung des Sonnenlichtes in Farben nicht einverstanden. Goethe machte sich nicht die Arbeit, in das Wesen der Newtonschen Experimente einzudringen, und versuchte nicht, sie zu wiederholen. Er wies von vornherein die Newtonsche Farbentheorie zurück. Er schrieb: „Die Behauptungen Newtons sind ungeheuerliche Annahmen. Ja, wie kann es denn sein, daß die klarste, sauberste – weiße – Farbe ein Gemisch aus farbigen Strahlen ist?" Goethe verwies darauf, daß es noch keinem Maler gelungen sei, verschiedene Farben zu mischen und eine weiße Farbe zu erhalten; sie haben notwendigerweise graue und schmutzige Farbtöne erhalten. Goethe warf Newton vor, daß dessen Theorie nicht in der Lage sei, das Blau des Himmels zu erklären. Vor Newton, so Goethe, war alles klar: Der schwarze nächtliche Himmel verfärbt sich blau infolge der Vermischung des weißen Sonnenlichtes mit dem Schwarz des Himmels. Stellt man sich auf den Standpunkt von Newton, sagte er, und nimmt man an, daß die blaue Farbe selbständig sei, so müßte man in diesem Fall die blaue Farbe des Himmels durch die blaue Farbe der Luft erklären. Aber dann ist es unverständlich, warum entfernte Bergspitzen nicht blau, sondern rosa erscheinen und warum sich die untergehende Sonne uns rot darstellt.
Natürlich waren Goethe und Newton ganz unterschiedliche Menschen hinsichtlich ihres Denkens, des Charakters der Beziehungen zur Natur und des Prozesses der Erkenntnis ihrer Gesetze. Newton – ein Mensch mit außergewöhnlich entwickeltem analytischem Denkvermögen, der danach strebte, jeden Schritt nach vorn zu überprüfen und mit Experimenten und Berechnungen zu festigen. Er war ein pedantischer Forscher, der von sich und von anderen forderte, „Mutmaßungen nicht mit Wirklichkeit zu vermischen". Auf der anderen Seite war Goethe in stärkerem Maße ein begeisterter Träumer und Philosoph, weniger ein Physiker. Er nahm die Welt als etwas Ganzes, nicht in Teile Zerlegbares auf;

Erdachtes und Phantasie zog er dem Experiment und genauen Berechnungen vor.

Es ist nicht verwunderlich, daß Goethe Newton nicht verstand und nicht mit ihm einverstanden war. Goethe hatte unrecht, wenn er die von Newton gewonnenen Ergebnisse kritisierte. Bei diesem Streit zweier herausragender Persönlichkeiten stehen wir natürlich auf der Seite von Newton. Trotzdem können wir heute und gerade heute nicht bei den Bemerkungen von Goethe einfach abwinken, da wir unabhängig von den Absichten Goethes in ihnen einen rationalen Kern erkennen.

Das Grundlegende in diesen Bemerkungen kann man auf die Feststellung zurückführen, daß die in den Newtonschen Versuchen zu Tage tretenden Eigenschaften des Lichtes nicht die Eigenschaften des wahren, in der Natur anzutreffenden Lichtes sind, sondern Eigenschaften des Lichtes, das mit verschiedenartigen „Folterinstrumenten – Spalten, Prismen, Linsen – geplagt wurde". Darauf verwies Mandelstam, der, nach den Worten des Professors an der Moskauer Universität G. S. Gorelik, „hierin eine – wenn auch naive und einseitige – Vorwegnahme des modernen Standpunktes zur Rolle der experimentellen Technik sah". Die Physik des 20. Jh., genauer einer ihrer interessantesten Zweige, die die Gesetze von Mikroobjekten untersucht (die Quantenmechanik), zeigte, daß wir, wenn wir die eine oder andere Untersuchung in der Mikrowelt durchführen, unumgänglich und in nicht vorherzusagender Weise das verzerren, was wir messen. Es zeigt sich also, daß der Mensch bei Untersuchungen der Natur auf dem Niveau der Mikroerscheinungen unausbleiblich irreversible Verzerrungen in ihr hervorruft. So bringen wir bei der Messung des Impulses eines Elektrons eine Verzerrung ein, die die gleichzeitige Messung seiner Koordinaten ausschließt. Und umgekehrt, messen wir die Koordinate eines Elektrons, so führen wir eine Verzerrung ein, die es unmöglich macht, gleichzeitig den Impuls des Elektrons zu messen.

Die geniale Vorhersage der künftigen Probleme der Physik ist der rationale Kern in diesen Bemerkungen Goethes, an dem wir heute nicht vorbeigehen können. Natürlich war die Kritik von Goethe falsch adressiert; und es ist selbstverständlich, daß sie nicht im geringsten Maße die große Rolle schmälert, die Newton bei der Entwicklung der Physik spielte. Die in dieser Kritik enthaltenen philosophischen Fragen sind zweifellos interessant und dazu heute überaus aktuell. Am besten stellte Goethe diese Fragen weniger in der „Farbenlehre" als vielmehr in seinem unsterblichen „Faust":

Wer will was Lebendigs erkennen und beschreiben,
Sucht erst den Geist herauszutreiben,
Dann hat er die Teile in seiner Hand,
Fehlt, leider! nur das geistige Band.

Encheiresin naturae nennt's die Chemie,
Spottet ihrer selbst und weiß nicht wie.

Was nun den konkreten Vorwurf von Goethe gegenüber Newton betrifft, daß er nicht in der Lage sei, die blaue Farbe des Himmels und die rote Farbe der untergehenden Sonne zu erklären, so ist hier nichts weiter hinzuzufügen. Die Brechung und die Dispersion erklären wirklich nicht die genannten Erscheinungen. Die Erklärung für diese Erscheinungen wurde erst viel später gefunden – durch Untersuchungen der Lichtstreuung an Luftmolekülen, auf der Grundlage der sog. molekularen Optik, zu deren Entwicklung Mandelstam einen entscheidenden Beitrag leistete. Das alles geht aber über den Rahmen dieses Kapitels hinaus.

5. Wie entsteht ein Regenbogen?

Es gibt wahrscheinlich keinen Menschen, der nicht schon einen Regenbogen aufmerksam betrachtet hätte. Dieses großartige Farbenspiel am Himmel rief schon seit langem allgemeines Interesse hervor. Man sah darin ein gutes Omen und schrieb ihm magische Eigenschaften zu. Es gibt einen alten englischen Aberglauben, daß man am Fuße eines Regenbogens einen Topf mit Gold finden könne.
Heute weiß man, daß ein Regenbogen nur im Märchen Zaubereigenschaften besitzt und daß er in Wirklichkeit eine optische Erscheinung ist, die mit der Brechung der Lichtstrahlen an zahlreichen Regentropfen verbunden ist. Aber es wissen bei weitem nicht alle, wie ausgerechnet die Brechung des Lichtes an Regentropfen zum Entstehen des gigantischen vielfarbigen Bogens am Himmel führt. Deshalb ist es nützlich, sich ausführlich der physikalischen Erklärung dieser effektvollen optischen Erscheinung zu widmen.

5.1. Der Regenbogen in den Augen eines aufmerksamen Beobachters

Zuerst weisen wir darauf hin, daß man einen Regenbogen nur auf der der Sonne *entgegengesetzten* Seite beobachten kann. Stellt man sich mit dem Gesicht zum Regenbogen, so befindet sich die Sonne im Rücken. Ein Regenbogen entsteht dann, wenn die Sonne auf einen Regenvorhang scheint. In dem Maße, wie der Regen geringer wird und danach aufhört, verblaßt der Regenbogen und verschwindet allmählich. Die im Regenbogen zu beobachtenden Farben folgen in der gleichen Reihenfolge aufeinander wie im Spektrum, das man erhält, wenn man ein Bündel Sonnenstrahlen durch ein Prisma lenkt. Dabei ist die äußerste Innenkante des Regenbogens (die zur Erdoberfläche gerichtet ist) violett gefärbt, die äußerste Außenkante rot. Oft entsteht über dem Hauptregenbogen noch ein (sekundärer) Regenbogen – ein breiterer und verwaschener. Die Farben folgen jetzt in der umgekehrten Ordnung aufeinander: von rot (äußerste Innenkante des Regenbogens) bis violett (äußerste Außenkante).

Für einen Beobachter, der auf der verhältnismäßig ebenen Erdoberfläche steht, wird der Regenbogen unter der Bedingung sichtbar, daß die Winkelhöhe der Sonne über dem Horizont ungefähr 42° nicht überschreitet. Je tiefer die Sonne steht, desto größer ist die Winkelhöhe des Scheitelpunktes des Regenbogens und desto größer ist folglich der sichtbare Abschnitt des Regenbogens. Einen sekundären Regenbogen kann man dann beobachten, wenn die Höhe der Sonne über dem Horizont ungefähr 52° nicht überschreitet.

Den Regenbogen kann man als gigantisches Rad betrachten, das mit seiner Achse auf die gedachte, durch Sonne und Beobachter verlaufende gerade Linie „aufgezogen" ist. In Abb. 5.1 ist diese Linie mit OO_1 bezeichnet; O ist der Beobachter, OCD die Ebene der Erdoberfläche, $\measuredangle\, AOO_1 = \psi$ die Winkelhöhe der Sonne über dem Horizont. Um $\tan \psi$ zu bestimmen, genügt es, die Größe des Beobachters durch die Länge seines Schattens zu dividieren. Der Punkt O_1 wird als der der Sonne entgegengesetzte Punkt bezeichnet; er befindet sich unter der Horizontlinie CD. Aus der Abbildung wird ersichtlich, daß der Regenbogen der Kreisbogen der Basis eines Kegels mit der Achse OO_1 ist; γ ist der Winkel zwischen der Kegelachse und dem Kegelmantel (Öffnungswinkel des Kegels). Es ist klar, daß der Beobachter nicht den gesamten genannten Kreisbogen sehen kann, sondern nur den Teil, der sich

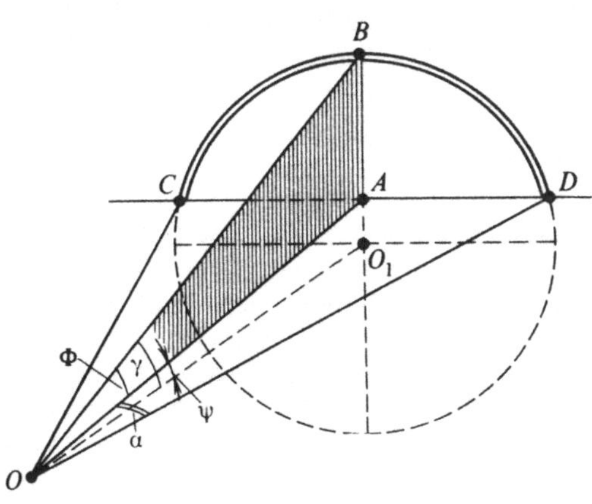

Abb. 5.1

81

über dem Horizont befindet (in der Abbildung der Abschnitt *CBD*). Der Winkel $\sphericalangle\,AOB = \Phi$ ist der Winkel, unter dem der Beobachter den Scheitelpunkt des Regenbogens sieht, und der Winkel $\sphericalangle\,AOD = \alpha$ ist der Winkel, unter dem der Beobachter jeden der beiden Fußpunkte des Regenbogens sieht (die Stellen, an denen nach dem englischen Aberglauben der Topf mit Gold vergraben sein soll). Es gilt

$$\Phi + \psi = \gamma. \tag{5.1}$$

Somit ist die Lage des Regenbogens bezüglich der umgebenden Landschaft abhängig vom Standpunkt des Beobachters zur Sonne, und die Winkelausdehnungen werden durch die Höhe der Sonne über dem Horizont bestimmt. Der Beobachter ist die Spitze eines Kegels, dessen Achse entlang der Linie verläuft, die den Beobachter mit der Sonne verbindet; der Regenbogen ist der sich über der Horizontlinie befindliche Teil des Basiskreises dieses Kegels. Bei einer Bewegung des Beobachters verschiebt sich der genannte Kegel und folglich auch der Regenbogen entsprechend. Deshalb ist es nutzlos, dem versprochenen Topf voll Gold nachzujagen.

An dieser Stelle müssen zwei Erklärungen gegeben werden. Erstens, wenn wir von der den Beobachter und die Sonne verbindenden geraden Linie sprechen, meinen wir nicht die wirkliche, sondern die beobachtbare Richtung zur Sonne. Sie unterscheidet sich von der wirklichen Richtung um den Refraktionswinkel. Zweitens, wenn wir vom Regenbogen über der Horizontlinie sprechen, dann meinen wir einen verhältnismäßig weit entfernten Regenbogen – wenn der Regenvorhang von uns einige Kilometer entfernt ist. Man kann auch einen nahen Regenbogen beobachten, z. B. einen Regenbogen, der an einem großen Springbrunnen entsteht. In diesem Fall erscheint es, als ob die Enden des Regenbogens in der Erde verschwinden. Die Entfernung des Regenbogens vom Beobachter beeinflußt offensichtlich seine Winkelabmessungen nicht.

Aus Gl. (5.1) folgt $\Phi = \gamma - \psi$. Für den Hauptregenbogen beträgt der Winkel γ ungefähr $42°$ (für den gelben Bereich des Regenbogens), und für den sekundären Regenbogen beträgt dieser Winkel $52°$. Hieraus wird ersichtlich, warum der Erdbeobachter den Hauptregenbogen nicht bestaunen kann, wenn die Höhe der Sonne über dem Horizont $42°$ überschreitet und er den sekundären Regenbogen bei einer Sonnenhöhe über $52°$ nicht sehen kann. Befindet sich der Beobachter in einem Flugzeug, müssen die Bemerkungen über die Sonnenhöhe überdacht werden. Übrigens kann der Beobachter im Flugzeug den Regenbogen als vollen Kreis betrachten. Wo immer sich der Beobachter auch befinden möge (ob auf der Erdoberfläche oder über ihr), er ist stets das Zentrum eines auf die Sonne orientierten Kegels mit einem Öffnungswinkel von 42° (für den Hauptregenbogen) und 52° (für den Nebenregenbogen). Warum eigentlich gerade 42° und 52°? Auf diese Frage wollen wir später eine Antwort geben.

Betrachten wir folgende Aufgabe. *Gesucht sind die Winkel, unter denen der Scheitelpunkt und die Basis eines Regenbogens zu sehen sind, wenn die Höhe der Sonne über dem Horizont $\psi = 20°$ beträgt.* Der Winkelabstand des Regenbogens kann unmittelbar mit Gl. (5.1) bestimmt werden: $\Phi = \gamma - \psi = 42° - 20° = 22°$. Um den Winkelabstand α der Basis des Regenbogens festzustellen, wenden wir uns Abb. 5.1 zu. Wir erhalten aus dem Dreieck BOO_1: $\overline{OO_1}/\overline{OB} = \cos\gamma$, aus dem Dreieck AOO_1: $\overline{OO_1}/\overline{OA} = \cos\psi$ und aus dem Dreieck AOD: $\overline{OA}/\overline{OD} = \cos\alpha$. Da

$$\frac{\overline{OO_1}}{\overline{OB}} = \frac{\overline{OO_1}}{\overline{OA}} \cdot \frac{\overline{OA}}{\overline{OB}} = \frac{\overline{OO_1}}{\overline{OA}} \cdot \frac{\overline{OA}}{\overline{OD}}$$

gilt, folgt, daß $\cos\gamma = \cos\psi \cos\alpha$. Somit gilt

$$\cos\alpha = \frac{\cos\gamma}{\cos\psi} = \frac{\cos 42°}{\cos 20°} = 0{,}79.$$

Hieraus erhalten wir $\alpha = 38°$.

5.2. Entwicklung der physikalischen Vorstellungen über die Entstehung von Regenbogen — von Fleischer, de Dominis und Descartes bis Newton

Aufgrund zahlreicher Beobachtungen versuchten die Menschen bereits frühzeitig, den physikalischen Mechanismus der Entstehung von Regenbogen zu verstehen. 1571 veröffentlichte Fleischer aus Breslau eine Arbeit, in der er feststellte, daß ein Beobachter einen Regenbogen als Resultat dessen sieht, daß Lichtstrahlen, die in einem Regentropfen zweimal gebrochen und danach an einem anderen Regentropfen reflektiert werden, sein Auge erreichen (Abb. 5.2a). Der Italiener Antonio de Dominis (1566–1624) schlug eine andere (die richtige) Variante des Verlaufs der Lichtstrahlen zum Beobachter vor. Er stellte fest, daß die bei der Bildung des Regenbogens beteiligten Lichtstrahlen eine zweifache Brechung und eine Reflexion in ein und demselben Regentropfen erfahren

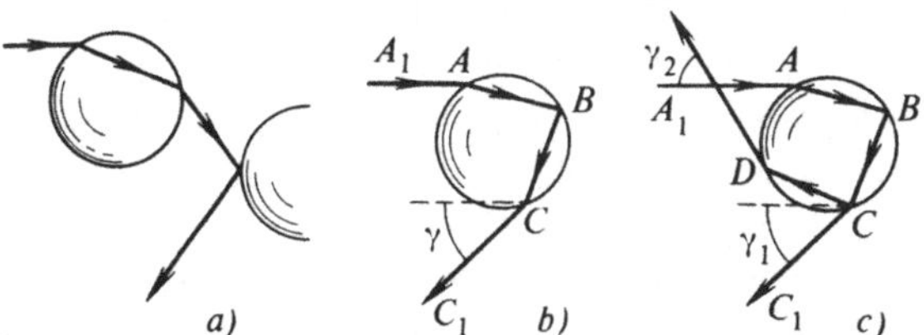

Abb. 5.2

83

(Abb. 5.2b). Der ursprüngliche Sonnenstrahl A_1A tritt in den Tropfen ein und wird im Punkt A gebrochen, danach wird er im Punkt B reflektiert, und schließlich tritt er aus dem Tropfen aus und wird dabei im Punkt C gebrochen. Das Auge des Beobachters erreicht der Strahl CC_1. Er bildet den Winkel γ mit dem ursprünglichen Strahl A_1A; somit sieht der Beobachter den Regenbogen im Winkel γ zur Richtung der einfallenden Sonnenstrahlen.

René Descartes entwickelte die Vorstellungen de Dominis' weiter und konnte die Entstehung des sekundären Regenbogens erklären. Er ging davon aus, daß ein Lichtstrahl in jedem der Punkte A, B und C (s. Abb. 5.2b) sowohl gebrochen als auch reflektiert wird. Die Strahlen, die im Punkt A reflektiert und im Punkt B gebrochen werden, sind nicht an der Bildung des Regenbogens beteiligt und interessieren hier nicht. Was aber den im Punkt C reflektierten Strahl betrifft, so kann er aus dem Regentropfen heraustreten, wird dabei gebrochen und kann an der Bildung eines weiteren Regenbogens beteiligt sein (Abb. 5.2c). Wenn der Beobachter den ersten Regenbogen unter dem Winkel von $\gamma_1 = 42°$ sieht, so sieht er den zweiten unter einem Winkel von $\gamma_2 = 52°$. Natürlich erscheint der zweite Regenbogen blasser als der Hauptregenbogen: ein Teil der Energie des Strahls CD geht bei der Reflexion im Punkt D verloren.

Jedoch konnten weder de Dominis noch Descartes erklären, warum ein Beobachter den Regenbogen ausgerechnet unter einem Winkel von 42° (oder 52°) sehen kann. Wesentlich ist auch, daß sie nicht in der Lage waren, die Entstehung der Farben des Regenbogens zu erklären. So nahm de Dominis an, daß diejenigen Lichtstrahlen, die innerhalb der Regentropfen den kürzesten Weg nehmen und am wenigsten mit der Dunkelheit vermischt werden, die rote Farbe ergeben und daß sich die den längsten Weg im Regentropfen nehmenden Lichtstrahlen am stärksten mit der Dunkelheit vermischen und die violette Farbe ergeben. Aus dem vorhergehenden Kapitel ist der Leser bereits mit diesen naiven vornewtonschen Vorstellungen der Farbentstehung bei der Lichtbrechung vertraut.

5.3. Erklärung der Entstehung eines Regenbogens in Newtons „Lectiones Opticae"

Die Newtonsche Farbtheorie gestattet es, den physikalischen Entstehungsmechanismus eines Regenbogens vollständig zu erklären. In den „Lectiones Opticae" kann man folgende Zeilen finden, in denen eine erschöpfende Erklärung für die Entstehung eines Regenbogens enthalten ist: „Von den in die Kugel eintretenden

Strahlen treten einige nach einer Reflexion, andere nach zwei Reflexionen aus; es gibt Strahlen, die nach drei und mehr Reflexionen austreten. Da die Regentropfen im Verhältnis zum Abstand vom Beobachterauge sehr klein sind, können sie physikalisch als Punkte angenommen werden; es ist nicht notwendig, ihre Größe zu betrachten, sondern nur den Winkel zwischen den einfallenden und den austretenden Strahlen. *Dort, wo die Winkel am größten und am kleinsten sind, sind die austretenden Strahlen dichter. Da die unterschiedlichen Arten von Strahlen verschiedene größte und kleinste Winkel bilden, sind die Strahlen, die sich am dichtesten an verschiedenen Orten sammeln, bestrebt, eine eigene Farbe auszubilden.*"

Die grundlegende Information ist in einer lakonischen Form in den von uns kursiv hervorgehobenen Zeilen enthalten. Diese Zeilen benötigen eine Erklärung. Der ganze weitere Teil dieses Kapitels ist dem Wesen nach der Erläuterung der hervorgehobenen Zeilen aus den Newtonschen „Lectiones Opticae" gewidmet.

5.4. Strahlengang im Regentropfen

Nehmen wir zunächst an, daß alle auf den Regentropfen einfallenden Strahlen ein und dieselbe Wellenlänge besitzen. Also wird zunächst nur die Brechung (und die Reflexion) der Strahlen durch den Regentropfen ohne Berücksichtigung der Lichtdispersion betrachtet. Auf einen Tropfen mit dem Radius R fällt ein paralleles Bündel monochromatischer Lichtstrahlen. Als Stoßparameter des Strahls bezeichnen wir das Verhältnis $\xi = \rho/R$ und mit ρ den Abstand des gegebenen Strahls zur parallel zu ihm verlaufenden, durch das Zentrum des Tropfens gehenden Geraden. Infolge der Tropfensymmetrie beschreiben alle Strahlen mit dem gleichen Stoßparameter (diese Strahlen sind in Abb. 5.3 gezeigt) innerhalb des Tropfens analoge Bahnen und treten aus dem Tropfen unter ein und demselben Winkel zur ursprünglichen Richtung heraus. Die sphärische Symmetrie des Tropfens führt ebenfalls dazu, daß die Bahn jedes Strahls in einer Ebene liegt; diese Ebene verläuft durch den gegebenen Strahl und durch die zu ihm parallele, durch das Tropfenzentrum gezogene Gerade. Wir

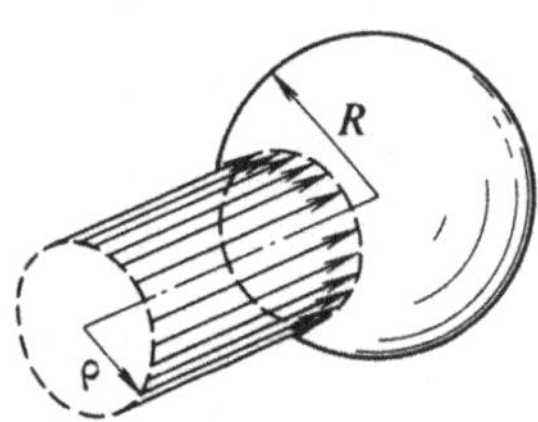

Abb. 5.3

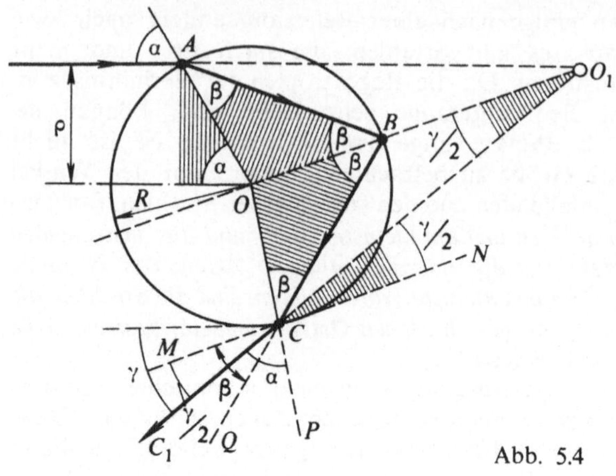

Abb. 5.4

betrachten die daher zweidimensionale Aufgabe und zeichnen den Strahlengang in diese genannte Ebene ein (dieses sei die Zeichenebene).

In Abb. 5.4 ist der Gang eines Lichtstrahls mit dem Stoßparameter ρ/R eingezeichnet. Wir bezeichnen mit α den Einfallswinkel des Strahls auf den Tropfen; es ist leicht zu erkennen, daß $\sin \alpha = \rho/R = \xi$. Da die Dreiecke AOB und BOC gleichschenklig sind, gilt $\sphericalangle OAB = \sphericalangle ABO$ und $\sphericalangle OBC = \sphericalangle BCO$. Der Einfallswinkel ist gleich dem Reflexionswinkel. Daher gilt $\sphericalangle ABO = \sphericalangle OBC$. Wir bezeichnen all diese Winkel mit β (s. Zeichnung). Den Winkel zwischen dem einfallenden und dem austretenden Strahl bezeichnen wir mit γ. Das Bild des Strahlengangs ist symmetrisch bezüglich der Geraden OO_1, daher gilt $\sphericalangle OO_1C = \gamma/2$. Durch den Punkt C legen wir die Gerade $MN \parallel OO_1$; es ist klar, daß $\sphericalangle MCC_1 = \sphericalangle O_1CN = \sphericalangle OO_1C = \gamma/2$. Weiterhin berücksichtigen wir, daß $\sphericalangle C_1CP = \alpha$ und $\sphericalangle QCP = \beta$. Aus $MN \parallel OO_1$ folgt $\sphericalangle MCQ = \sphericalangle OBC = \beta$. Somit erhalten wir $\sphericalangle MCC_1 = \sphericalangle MCQ - (\sphericalangle C_1CP - \sphericalangle QCP) = \beta - (\alpha - \beta)$. Es gilt schließlich $\gamma/2 = \beta - (\alpha - \beta)$ bzw.

$$\beta = \frac{\gamma + 2\alpha}{4}. \tag{5.2}$$

Wir drücken den Winkel γ durch den Stoßparameter ξ aus. Das Brechungsgesetz im Punkt A besitzt die Form $\sin \alpha/\sin \beta = n$. Aus Gl. (5.2) erhalten wir

$$\sin \frac{\gamma + 2\alpha}{4} = \frac{\sin \alpha}{n} \tag{5.3}$$

86

oder anders

$$\frac{\gamma + 2\alpha}{4} = \arcsin\left(\frac{\sin\alpha}{n}\right).$$

Somit gilt

$$\gamma = 4\arcsin\left(\frac{\sin\alpha}{n}\right) - 2\alpha \tag{5.4}$$

oder, unter Berücksichtigung, daß $\sin\alpha = \rho/R = \xi$,

$$\gamma = 4\arcsin\left(\frac{\xi}{n}\right) - 2\arcsin\xi. \tag{5.5}$$

Entsprechend der Bemerkung von Newton, daß die Ausmaße der Tropfen unwesentlich sind und man den Tropfen als „Punkt" ansehen kann, enthalten die für die weiteren Betrachtungen grundlegenden Beziehungen (5.3) und (5.4) nur die Winkel γ und α sowie natürlich die Brechzahl n von Wasser.

Betrachten wir folgende Aufgabe. *Bei welchen Werten des Stoßparameters tritt der Lichtstrahl genau parallel zur Eintrittsrichtung aus dem Tropfen aus?* Es sollen also die Werte ξ gefunden werden, für die $\gamma = 0$. Setzen wir in Gl. (5.5) $\gamma = 0$, so erhalten wir $2\arcsin(\xi/n) = \arcsin\xi$ oder, anders ausgedrückt, $\sin[2\arcsin(\xi/n)] = \xi$. Wenn wir berücksichtigen, daß $\sin 2v = 2\sin v\sqrt{1 - \sin^2 v}$, so erhalten wir hieraus

$$2\frac{\xi}{n}\sqrt{1 - \left(\frac{\xi}{n}\right)^2} = \xi. \tag{5.6}$$

Die Gl. (5.6) besitzt zwei Wurzeln. Die eine Wurzel ist offensichtlich $\xi_1 = 0$. Die zweite Wurzel hat die Form

$$\xi_2 = \frac{n}{2}\sqrt{4 - n^2}. \tag{5.7}$$

Setzen wir in Gl. (5.7) $n = 4/3$ ein, so erhalten wir $\xi = 0,994$. Nebenbei bemerkt, entspricht der gewöhnlich für Wasser benutzte Wert der Brechzahl $n = 4/3$ den Strahlen aus dem gelben Bereich des Spektrums.

5.5. Der maximale Winkel zwischen dem auf den Regentropfen auftreffenden und dem aus ihm austretenden Strahl

Bei Vergrößerung des Stoßparameters im Intervall von 0 bis 1 wächst der Winkel γ zuerst von Null bis zu einem bestimmten maximalen Wert, fällt danach wieder ab und erreicht Null bei $\xi = 0,994$ (für gelbe Strahlen). Es ist außerordentlich wichtig, den maximalen Wert des Winkels γ zu finden, da, wie Newton feststellte, „dort, wo diese Winkel die kleinsten und die größten

Werte erreichen, die austretenden Strahlen gewöhnlich dichter sind".

Wir betrachten in diesem Zusammenhang folgende Aufgabe. *Gesucht wird der maximale Wert des Winkels zwischen dem auf den Tropfen einfallenden und dem aus dem Tropfen austretenden Strahl. Bei welchem Stoßparameter wird dieser Winkel realisiert? Die Brechzahl sei $n = 4/3$ (gelbe Strahlen).* Wir benutzen Gl. (5.5), differenzieren die Funktion $\gamma(\xi)$ und setzen die erste Ableitung gleich Null:

$$\frac{d\gamma}{d\xi} = \frac{4}{n\sqrt{1 - (\xi/n)^2}} - \frac{2}{\sqrt{1 - \xi^2}} = 0.$$

Hieraus folgt

$$\xi = \sqrt{\frac{4 - n^2}{3}}. \tag{5.8}$$

Für $n = 4/3$ erhalten wir $\xi = 0{,}861$. Setzen wir Gl. (5.8) in Gl. (5.5) ein, finden wir den Ausdruck für den maximalen Winkel zwischen dem auf den Tropfen einfallenden Strahl und dem aus dem Tropfen austretenden Strahl:

$$\gamma_{max} = 4 \arcsin\left(\frac{1}{n}\sqrt{\frac{4 - n^2}{3}}\right) - 2 \arcsin\sqrt{\frac{4 - n^2}{3}}. \tag{5.9}$$

Mit $n = 4/3$ erhalten wir $\gamma_{max} = 42°02'$.

In Abb. 5.5 ist die erhaltene Abhängigkeit des Winkels γ vom Stoßparameter ξ für gelbe Strahlen dargestellt. Auf jeden Regentropfen fallen Strahlen mit allen möglichen Werten des Stoßparameters ein (von 0 bis 1). Sie treten aus dem Tropfen unter verschiedenen Winkeln aus. Natürlich wird ein Beobachter diejenigen reflektierten Strahlen deutlicher sehen, die am *wenigsten auseinanderlaufen.* Das sind die Strahlen, die im Gebiet des Maximums der in Abb. 5.5 gezeigten Kurve liegen, d.h. die

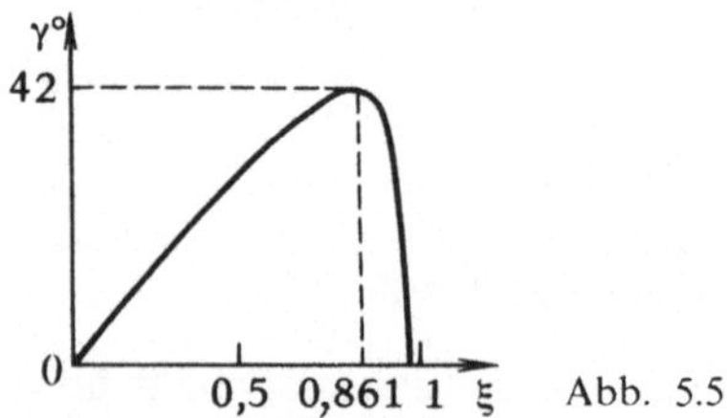

Abb. 5.5

Strahlen, für die $\gamma = 42°$ ist. Entsprechend dem Newtonschen Ausdruck sind diese Strahlen „dichter".
Die „Verdichtung" der aus dem Tropfen austretenden Strahlen in der Umgebung des Winkels $\gamma = 42°$ wird in Abb. 5.6 gut

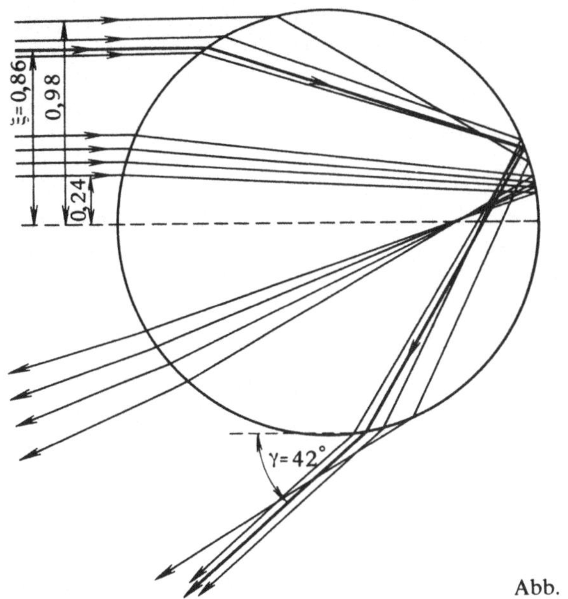

Abb. 5.6

demonstriert, in der die exakt berechneten Bahnen der Lichtstrahlen eingezeichnet sind, die durch unterschiedliche
Stoßparameter charakterisiert sind (die Bahnen wurden für $n = 4/3$
berechnet).

Jetzt wird leichter verständlich, warum ein Regenbogen die Form
eines Bogens besitzt, der unter einem Winkel von 42° zu der durch
den Beobachter und die Sonne verlaufenden Geraden beobachtet
werden kann. Der Einfachheit halber nehmen wir an, die Sonne
befinde sich genau auf der Linie des Horizontes und der Regenvorhang habe die Form einer senkrechten Wand, deren Ebene
senkrecht zu den einfallenden Strahlen verläuft. In Abb. 5.7 ist
diese Situation dargestellt. MN ist die Regenlinie, O die Lage des
Beobachters, O_1 ein der Sonne gegenüberliegender Punkt. Es ist

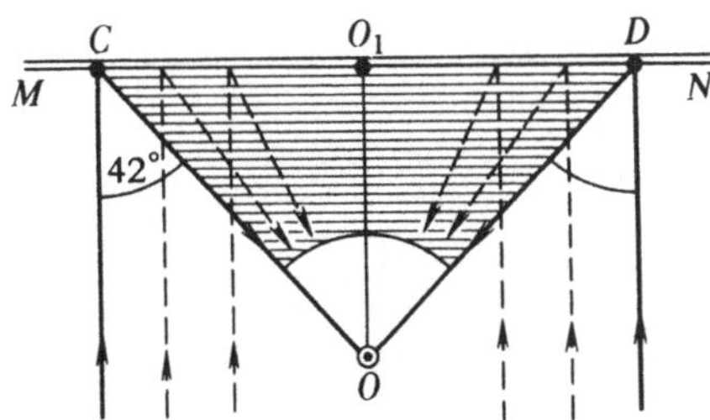

Abb. 5.7

das Gebiet schraffiert, in dem die Lichtstrahlen, die im Regentropfen reflektiert und zweimal gebrochen wurden, den Beobachter
erreichen; außerhalb dieses Gebietes erreichen solche Strahlen den
Beobachter nicht. Die Strahlen, die zum Beobachter von den
rechts von C und links von D befindlichen Regentropfen aus gelangen, sind infolge des relativ starken Auseinanderlaufens merklich
geschwächt; am hellsten sind die Strahlen, die von der Grenze des
gestrichelten Gebietes den Beobachter erreichen, d. h. von Tropfen
in der Umgebung der Punkte C und D, da das Auseinanderlaufen
dieser Strahlen minimal ist. Wäre also im Spektrum der Sonne nur
eine einzige Wellenlänge vertreten, würde ein Beobachter den
Regenbogen nur als einen schmalen, leuchtenden Bogen sehen.

5.6. Wechsel der Farben im Primär- und Sekundärregenbogen

In Wirklichkeit sind im Sonnenspektrum verschiedene Wel-
lenlängen enthalten; deshalb ist das real beobachtbare Bild farbig.
Machen wir den nächsten Schritt – berücksichtigen wir die
Tatsache, daß das Sonnenlicht *nicht monochromatisch* ist.
Der Einfachheit halber betrachten wir nur zwei Wellenlängen. Sie
sollen durch die Brechzahlen $n_r = 1,331$ und $n_v = 1,334$ (roter bzw.
violetter Strahl) charakterisiert sein. Setzen wir n_r und n_v in die
Gln. (5.8) und (5.9) ein, so erhalten wir

für den roten Strahl: $\qquad \xi_r = 0,862, \qquad \gamma_r = 42°22';$
für den violetten Strahl: $\quad \xi_v = 0,855, \qquad \gamma_v = 40°36'.$

In Abb. 5.8 werden die Bahnen des roten und des violetten Strahls
gezeigt, wenn jeder von ihnen beim Austreten aus dem Tropfen den
größten Winkel mit der ursprünglichen Richtung bildet.
Somit ist der Wert des größten Winkels zwischen den Richtungen
des aus dem Tropfen austretenden Strahls und des auf ihn
einfallenden Strahls unterschiedlicher Wellenlänge verschieden.

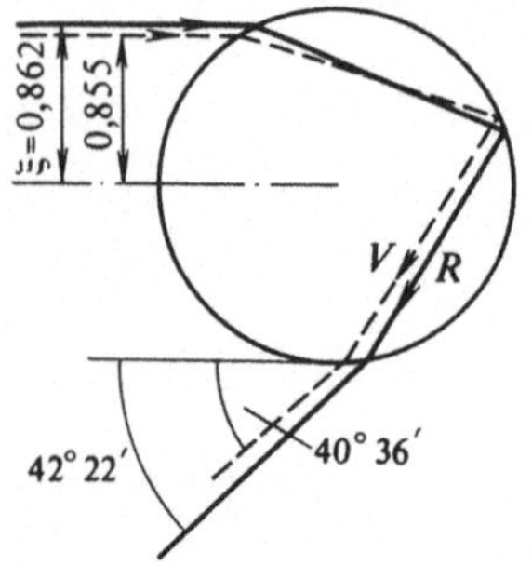

Abb. 5.8

Erinnern wir uns an Newton: „Da verschiedene Arten von Strahlen unterschiedliche größte Winkel bilden, besitzen die sich an verschiedenen Orten sammelnden Strahlen das Bestreben, eigene Farben auszubilden." Der Beobachter sieht den roten Bogen unter einem Winkel von 42°20' und den violetten Bogen unter einem Winkel von 40°40'. (Wir erinnern daran, daß diese Winkel zwischen den Richtungen Beobachter – Regenbogen und Beobachter – Gegenpunkt zur Sonne gebildet werden.) Hieraus wird deutlich, warum der äußere Rand des Regenbogens rot gefärbt ist und der innere Rand violett.

In bezug auf die Farben des Regenbogens wollen wir noch einen Umstand bemerken. Wir beschränken uns nach wie vor auf zwei Farben und bilden in Abb. 5.9 eine zur Abb. 5.7 analoge Situation

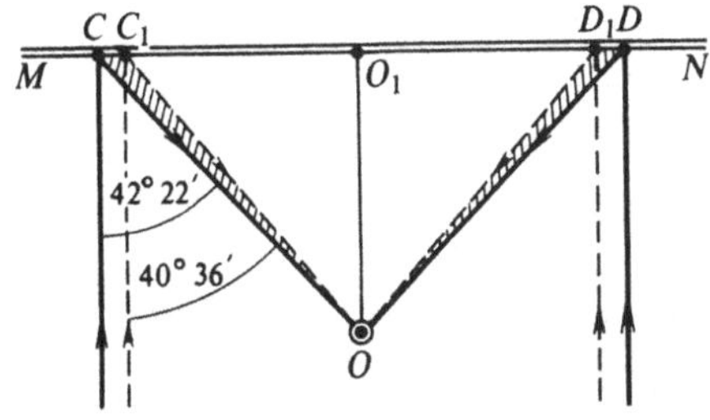

Abb. 5.9

ab. In den Richtungen CO und DO erreichen den Beobachter verhältnismäßig intensive rote Strahlen; violette Strahlen breiten sich entlang dieser Richtung nicht aus. In den Richtungen C_1O und D_1O erreichen den Beobachter verhältnismäßig intensive violette Strahlen, und infolge des Auseinanderlaufens sind die roten Strahlen geschwächt. In diesen Richtungen sieht der Beobachter eine violette Farbe, der ein wenig Rot beigemischt ist. Aus den Richtungen der zwischen C_1 und D_1 liegenden Punkte erreichen den Beobachter geschwächte (auseinanderlaufende) rote und violette Strahlen; sie überlagern sich und ergeben (mit Berücksichtigung der anderen Farben) weißes Licht.

Somit wird die Entstehung eines farbigen Bogens am Himmel nicht nur dadurch erklärt, daß für jede Farbe ihr größter Winkel γ existiert, sondern auch dadurch, daß in der Nähe dieser Winkel die Überlagerung (Vermischung) der Farben am geringsten ist. Aus dem Gesagten kann noch eine Schlußfolgerung gezogen werden: Der rote Teil des Regenbogens sieht saftiger und gesättigter aus, und dem violetten Teil ist ein roter Ton beigemischt. Prismen gestatten es, im Vergleich zum Regenbogen sauberere Farbtöne zu erhalten. Man kann sagen, daß das Spektrum eines Regenbogens

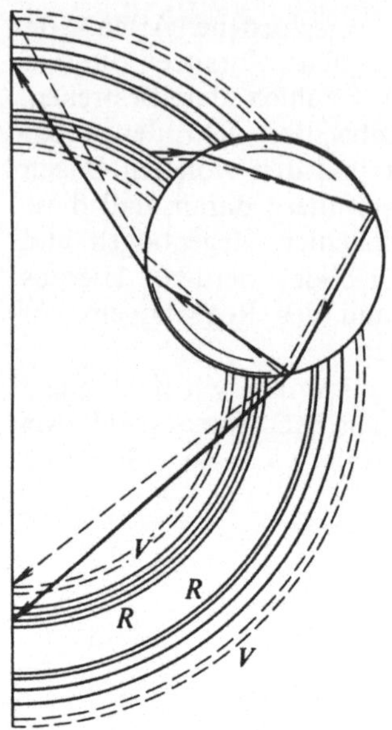

Abb. 5.10

dem Spektrum eines Prismas ähnelt, wenn man das letztere durch durchsichtiges, leicht rötliches Glas betrachtet.

Bis jetzt sprachen wir nur über den Hauptregenbogen. Analoge Überlegungen können auch beim sekundären Regenbogen angestellt werden. Dabei muß man berücksichtigen, daß der sekundäre Regenbogen nur dann entsteht, wenn die Lichtstrahlen im Regentropfen zweifach gebrochen und zweifach reflektiert werden (wir erinnern uns an die Abb. 5.2c). Man kann zeigen, daß in diesem Fall der größte Winkel zwischen dem aus dem Tropfen austretenden Strahl und dem auf ihn einfallenden Strahl ungefähr 52° beträgt. Wir wollen die entsprechenden Berechnungen nicht durchführen. Wir wollen nur Abb. 5.10 anführen, aus der ersichtlich wird, warum die Reihung der Farben im sekundären Regenbogen in umgekehrter Reihenfolge des Farbwechsels im Hauptregenbogen verläuft.

5.7. Regenbogen auf anderen Planeten

Der Leser, der all unseren bisherigen Überlegungen aufmerksam gefolgt ist, konnte sich davon überzeugen, welch großer Unterschied zwischen der allgemein verbreiteten Vorstellung „Regenbogen – das sind einfach im Regentropfen gebrochene Sonnenstrahlen" und dem wirklichen Verständnis des physikalischen Mechanismus der Entstehung eines Regenbogens besteht. Nachdem wir uns mit diesem Mechanismus beschäftigt haben, können wir es uns erlauben, ein wenig zu phantasieren. Stellen wir uns die Frage: Wie sähe ein Regenbogen aus, wenn die Brechzahl für alle Wellenlängen, sagen wir, um das 1,25fache anwächst? (Wir könnten uns z. B. auf einem Planeten befinden, auf dem eine andere Flüssigkeit die Rolle des Regens spielt.) Das bedeutet, daß jetzt für den roten Strahl $n_r = 1,66$ und für den violetten Strahl $n_v = 1,68$ gilt. Unter Benutzung von Gl. (5.9) erhalten wir in diesem Fall $\gamma_r = 11°$ und $\gamma_v = 10°$. Somit verkleinern sich die Winkelabmessungen des Regenbogens um das Vierfache. Für die Beobachtung eines Regenbogens ist es notwendig, daß die Höhe der Sonne über dem Horizont 10° nicht überschreitet. Wenn sich die Brechzahl dem Wert 2 nähert, zieht sich der Regenbogen zu einem hellen Fleck zusammen, der sich in Richtung des der Sonne entgegengesetzten Punktes befindet.

5.8. Entstehung von Halos; Halo und Regenbogen

Zum Abschluß dieses Kapitels wollen wir noch über eine andere optische Erscheinung sprechen, den *Halo*. Im Unterschied zum Regenbogen kann man diese Erscheinung viel seltener beobachten. Wahrscheinlich haben viele Leser davon noch gar nichts gehört. Führen wir einen kurzen Abschnitt aus dem Buch von Minnart „Licht und Farbe in der Natur" an: „Nach einigen Tagen herrlichen Wetters fällt das Barometer, und es beginnt ein südlicher Wind zu wehen. Im Westen tauchen hohe Wolken auf, durchsichtige und schnelle, der Himmel wird allmählich milchig weiß. Es ist, als schiene die Sonne durch mattes Glas, ihre Umrisse verschwimmen langsam. Alles ist in ein besonderes, nicht definierbares Licht getaucht. Ich ‚fühle‘, um die Sonne muß ein Halo entstehen! Und ich habe recht. Um die Sonne entsteht ein heller Ring mit einem Radius von ungefähr 22°. Es ist besser, jetzt im Schatten des Hauses zu stehen oder die Hand gegen die Sonne zu erheben, um nicht geblendet zu sein. Das ist ein großartiger Anblick! Jedem, der das zum ersten Male sieht, scheint dieser Ring grandios zu sein. Es ist jedoch nur ein ‚kleiner Halo‘, andere Haloerscheinungen besitzen einen viel größeren Maßstab... Ihr könnt einen ähnlichen Ring auch beim Mond beobachten."
Der Halo hat also die Form eines leuchtenden Ringes um die Sonne oder um den Mond; der Winkelradius dieses Ringes beträgt etwa 22°. Das ist ein sog. kleiner Halo. Man beobachtet auch einen großen Halo – einen Ring mit einem Winkelradius von etwa 46°. Die Erscheinung des Halos ist seinem Wesen nach mit dem Regen-

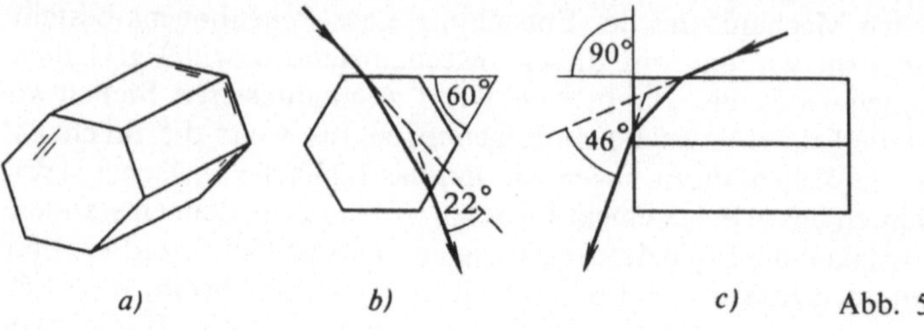

a)   b)   c)   Abb. 5.11

bogen verwandt. Ein Regenbogen entsteht durch Brechung und Reflexion des Lichtes in Regentropfen, ein Halo entsteht durch Lichtbrechung in Eiskristallen, aus denen die oberen Wolken bestehen. Diese Kristalle haben oft die Form von regelmäßigen sechseckigen Prismen (Abb. 5.11a). Die Brechung des Lichtstrahls in einem solchen Prisma kann man als Brechung in einem gewöhnlichen dreieckigen Prisma betrachten, das einen brechenden Winkel von 60° (Abb. 5.11b) oder von 90° (Abb. 5.11c) besitzt. All diese Prismen sind bezüglich der einfallenden Sonnenstrahlen verschieden orientiert. Deshalb werden die Strahlen beim Durchgang durch die Prismen um unterschiedliche Winkel abgelenkt. Wesentlich ist, daß von all diesen Strahlen, die nach der Brechung das Auge des Beobachters erreichen, diejenigen am hellsten sind, die durch das Prisma *symmetrisch* verlaufen. Erinnern wir uns daran, daß dieser Fall dem *kleinsten* Ablenkungswinkel der Strahlen im Prisma entspricht und daß, wie Newton feststellte, „dort, wo diese Winkel (die Winkel zwischen den einfallenden und austretenden Strahlen – *der Autor*) am größten und am kleinsten sind, die austretenden Strahlen dichter sind". Es ist interessant, daß der Beobachter den Regenbogen unter dem größten Ablenkungswinkel der Strahlen sieht (und dazu in der der Sonne entgegengesetzten Richtung). Einen Halo jedoch sieht er unter dem kleinsten Ablenkungswinkel (und dabei hat er das Gesicht der Sonne zugewandt). Abb. 5.12 beleuchtet die Entstehung eines kleinen und eines großen Halos. Der Winkel $\delta_1 = 22°$ ist der kleinste Ablenkungswinkel in dem in Abb. 5.11b dargestellten

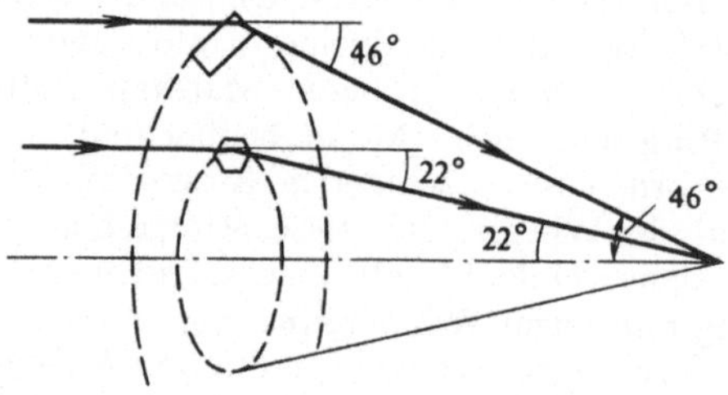

Abb. 5.12

Fall, und der Winkel $\delta_2 = 46°$ ist der Winkel der kleinsten Ablenkung im Fall der Abb. 5.11c. Diese Winkel können aus der Beziehung (3.6) berechnet werden. Setzt man $n = 1,31$ und $\theta = 60°$, so erhalten wir $\delta = 22°$ und für $\theta = 90°$ $\delta = 46°$.

Infolge der Dispersion ist der Haloring immer in regenbogenfarbenen Tönen gefärbt (der innere Bereich des Ringes ist rot). Da das Prisma mit einem brechenden Winkel von $90°$ durch eine größere Winkeldispersion charakterisiert wird als ein Prisma mit einem brechenden Winkel von $60°$, besitzen große Halos sattere Farben als kleine.

Sind die Achsen der sechseckigen Eiskristalle, die die Haloerscheinung hervorrufen, ungeordnet orientiert, so ist die Leuchtintensität des Haloringes an allen Stellen des Kreises gleich. Existieren Vorzugsrichtungen der Achsen der Sechsecke, so erscheinen dem Beobachter einige Gebiete des Ringes heller als andere Ringabschnitte. In solchen Fällen kann die Haloerscheinung eine überaus spezifische Form annehmen; so kann sie z.B. an ein Kreuz erinnern. „Und es war ein Vorzeichen, die Sonne stand in einem Ring, und inmitten des Ringes war ein Kreuz", lesen wir in einer altrussischen Chronik (12. Jh.). Ein solcher Anblick am Himmel versetzte religiöse Menschen in Entsetzen, es schien ihnen als ein fürchterliches „göttliches Vorzeichen", das viel Unglück und den Tod bringt.

Nehmen wir an, die Achsen der Eis-Sechsecke seien genau vertikal orientiert. In diesem Fall besitzt der Halo nicht die Form eines Ringes, sondern die Form von zwei der Sonne ähnlichen Abbildungen, die auf einer horizontalen Linie mit der echten Sonne liegen (Abb. 5.13). Diese Erscheinung besitzt einen speziellen Namen: *Nebensonne*. Der Beobachter sieht sozusagen drei Sonnen; der Winkelabstand zwischen zwei solchen Sonnenpaaren beträgt $22°$. Ein solches Bild kann man manchmal bei sehr ruhigem Wetter und tiefstehender Sonne beobachten.

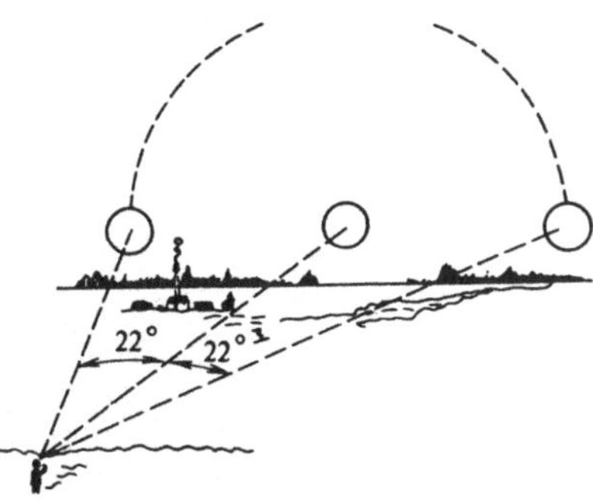

Abb. 5.13

6. Wie erhält man optische Abbildungen?

Nehmen wir an, wir sollen auf einem Bildschirm (oder einer Fotoplatte) die Abbildung eines beliebigen Objektes erhalten. Es versteht wohl jeder, daß es nicht ausreicht, das beleuchtete Objekt vor dem Bildschirm zu postieren. „Beleuchten" doch die von den verschiedenen Punkten der Oberfläche des Objektes reflektierten Lichtstrahlen die gesamte Bildschirmfläche (Abb. 6.1a). Will man

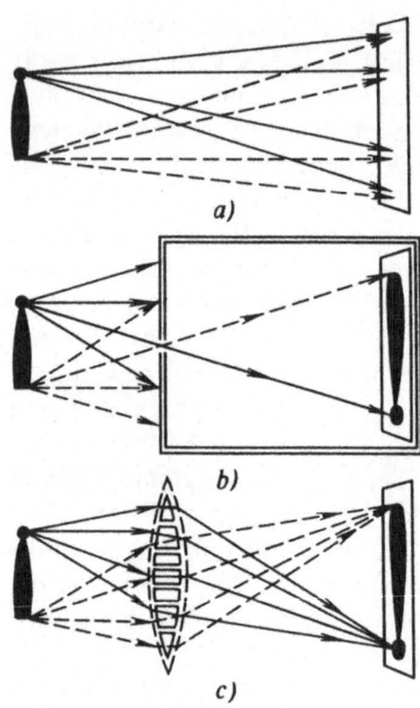

a)

b)

c)   Abb. 6.1

auf dem Bildschirm die Abbildung des Objektes erhalten, so muß man Maßnahmen ergreifen, das System der vom Objekt auf den Bildschirm fallenden Strahlen „zu ordnen". Die Strahlen von jedem Punkt der Objektoberfläche müssen den entsprechenden Punkt auf dem Bildschirm erreichen.

6.1. Abbildung in einer Lochkamera

Am einfachsten ist es, zwischen das Objekt und den Bildschirm einen nichtdurchlässigen Schirm mit einer kleinen Öffnung zu stellen (Abb. 6.1b). Auf den Bildschirm gelangen so nur noch diejenigen Strahlen vom Objekt, die durch diese Öffnung verlaufen; die restlichen Strahlen werden von dem Schirm aufgehalten. Als Resultat entsteht auf dem Bildschirm eine auf dem

Kopf stehende Abbildung des Objektes. Diese Art der Gewinnung einer Abbildung liegt der sog. *Lochkamera* zugrunde. Da in diesem Fall nur eine sehr kleine Anzahl der vom Objekt reflektierten Lichtstrahlen an der Entstehung der Abbildung beteiligt ist, muß man für die Betrachtung der Abbildung den Bildschirm in einem verdunkelten Raum aufstellen.

6.2. Abbildung im Linsensystem

In einer Lochkamera erhält man die Abbildung dadurch, daß man alle „nicht geeigneten" Strahlen einfach abschneidet. Interessanter ist die Variante, bei der diese Strahlen nicht abgeschnitten, sondern in entsprechender Weise gebogen werden (z. B. durch Brechung) und dadurch auch an der Entstehung der Abbildung beteiligt sind. Man kann das im Prinzip erreichen, indem man ein System speziell ausgewählter und angeordneter Prismen benutzt (Abb. 6.1c). In der Praxis erreicht man das, indem man anstelle des Prismensystems eine *Linse* benutzt – einen durchsichtigen Körper, der von zwei sphärischen Oberflächen begrenzt wird (s. gestricheltes Bild in Abb. 6.1c). Es ist bekannt, daß gerade Linsensysteme breite Anwendung in der modernen Technik der Erhaltung optischer Abbildungen finden.

Man kann also mit Hilfe einer Linse ein vom Punkt A ausgehendes Strahlenbündel in einem Punkt A_1 erneut sammeln (Abb. 6.2a). Steht das nicht dem *Fermatschen Prinzip* (Prinzip der kürzesten Ankunft) entgegen, das wir im ersten Kapitel kennenlernten? Verläuft doch in dem in Abb. 6.2a dargestellten Fall das Licht zwischen A und A_1 auf *verschiedenen* Bahnen, obwohl es doch, wie es scheint, diejenige Bahn „auswählen" sollte, für die es die kürzeste Zeit benötigen würde.

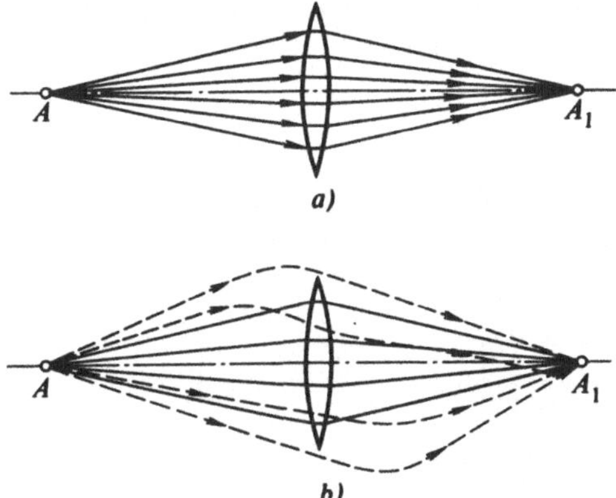

Abb. 6.2

Selbstverständlich widerspricht der betrachtete Fall dem Fermatschen Prinzip nicht. Denn erstens ist für das Zurücklegen aller in Abb. 6.2a eingezeichneten Bahnen die gleiche Zeit notwendig. Zweitens ist diese Zeit tatsächlich kleiner als die Zeiten, die für das Zurücklegen beliebiger anderer Bahnen als der in Abb. 6.2a skizzierten Wege benötigt würden. Man betrachte als Beispiele die gestrichelt gezeichneten Bahnen in Abb. 6.2b.

6.3. Herleitung der Formel für eine dünne Linse aus dem Fermatschen Prinzip

Das Fermatsche Prinzip steht nicht im Gegensatz zu der sammelnden Wirkung einer Linse; im Gegenteil, es gestattet, ohne die Benutzung des Brechungsgesetzes die *Formel für eine dünne Linse* herzuleiten. Unter dieser Formel versteht man die Beziehung, die zwischen den Krümmungsradien R_1 und R_2 der Oberflächen der Linse, der Brechzahl n und den Abständen d und f von der Linse zum Objekt und zur Abbildung besteht. Eine dünne Linse ist eine Linse, deren Dicke bedeutend geringer ist als R_1 und R_2. Wir wollen noch einmal daran erinnern, daß für die Herleitung der Formel für eine dünne Linse nur die Bedingung der Zeitgleichheit für das Zurücklegen zweier beliebiger in Abb. 6.2a eingezeichneter Bahnen notwendig ist.

Als eine dieser Bahnen wählen wir die die Punkte A und A_1 verbindende Gerade aus und als zweite die Bahn, die durch den äußersten Rand der Linse verläuft (die Strahlen AOA_1 und ACA_1 in Abb. 6.3). Die Zeit für das Zurücklegen der Bahn AOA_1 ist gleich $T_1 = [d + n(\Delta_1 + \Delta_2) + f]/c$, und die für ACA_1 ist gleich

$$T_2 = \frac{\sqrt{(d + \Delta_1)^2 + h^2} + \sqrt{(f + \Delta_2)^2 + h^2}}{c}.$$

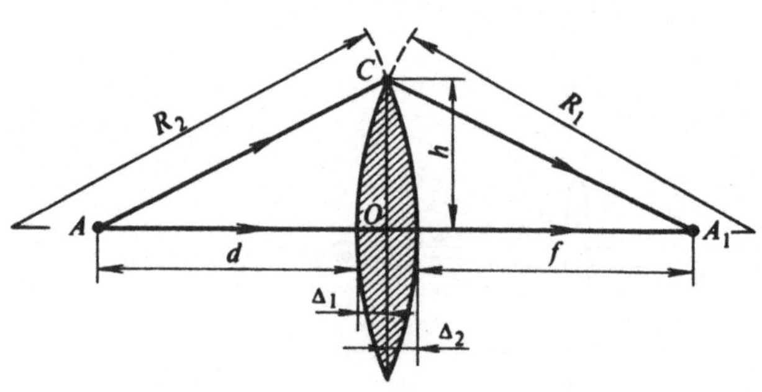

Abb. 6.3

98

Setzen wir T_1 und T_2 einander gleich, so erhalten wir

$$d + n(\Delta_1 + \Delta_2) + f = \sqrt{(d + \Delta_1)^2 + h^2} + \sqrt{(f + \Delta_2)^2 + h^2}. \qquad (6.1)$$

Wir setzen voraus, daß die sog. *paraxiale* Näherung gültig ist. Das bedeutet, daß die Winkel zwischen den Lichtstrahlen und der optischen Achse AA_1 der Linse als sehr klein angenommen werden können. Also ist $h \ll (d + \Delta_1)$ und $h \ll (f + \Delta_2)$; somit gilt

$$\sqrt{(d + \Delta_1)^2 + h^2} = (d + \Delta_1)\sqrt{1 + \left(\frac{h}{d + \Delta_1}\right)^2}$$

$$= (d + \Delta_1)\left[1 + \frac{1}{2}\left(\frac{h}{d + \Delta_1}\right)^2\right] = d + \Delta_1 + \frac{h^2}{2(d + \Delta_1)}.$$

Entsprechend erhalten wir

$$\sqrt{(f + \Delta_2)^2 + h^2} = f + \Delta_2 + \frac{h^2}{2(f + \Delta_2)}.$$

Wenn wir die Resultate in Gl. (6.1) einsetzen, folgt

$$(n - 1)(\Delta_1 + \Delta_2) = \frac{h^2}{2}\left(\frac{1}{d + \Delta_1} + \frac{1}{f + \Delta_2}\right). \qquad (6.2)$$

Bei einer dünnen Linse gilt $\Delta_1 \ll d$ und $\Delta_2 \ll f$, somit kann Gl. (6.2) in der Form

$$(n - 1)(\Delta_1 + \Delta_2) = \frac{h^2}{2}\left(\frac{1}{d} + \frac{1}{f}\right) \qquad (6.3)$$

geschrieben werden. Weiterhin berücksichtigen wir, daß

$$\Delta_1 = R_1 - \sqrt{R_1^2 - h^2} = R_1 - R_1\sqrt{1 - \left(\frac{h}{R_1}\right)^2}$$

$$= R_1 - R_1\left[1 - \frac{1}{2}\left(\frac{h}{R_1}\right)^2\right] = \frac{h^2}{2R_1}$$

und entsprechend $\Delta_2 = h^2/2R_2$ gilt; Gl. (6.3) kann nun in die Formel für eine dünne Linse umgeformt werden:

$$(n - 1)\left(\frac{1}{R_1} + \frac{1}{R_2}\right) = \frac{1}{d} + \frac{1}{f}. \qquad (6.4)$$

Die Größe

$$(n - 1)\left(\frac{1}{R_1} + \frac{1}{R_2}\right) \equiv \frac{1}{F} \qquad (6.5)$$

7*

bezeichnet man als die *optische Brechkraft* der Linse; F ist die *Brennweite* der Linse. Die Punkte auf der optischen Achse beiderseits der Linse, die sich im Abstand F von der Linse befinden, heißen *Brennpunkte*.

Setzen wir Gl. (6.5) in Gl. (6.4) ein, erhalten wir die dem Leser zweifellos bekannte Formel

$$\frac{1}{F} = \frac{1}{d} + \frac{1}{f}. \tag{6.6}$$

Befindet sich eine Punktquelle von Lichtstrahlen im Brennpunkt der Linse ($d = F$), so gilt entsprechend Gl. (6.6) $1/f = 0$; in diesem Fall erzeugt die Linse ein Bündel paralleler Strahlen, die sozusagen die Abbildung des leuchtenden Punktes in die Unendlichkeit übertragen (Abb. 6.4a). Ausgehend von der Umkehrbarkeit des

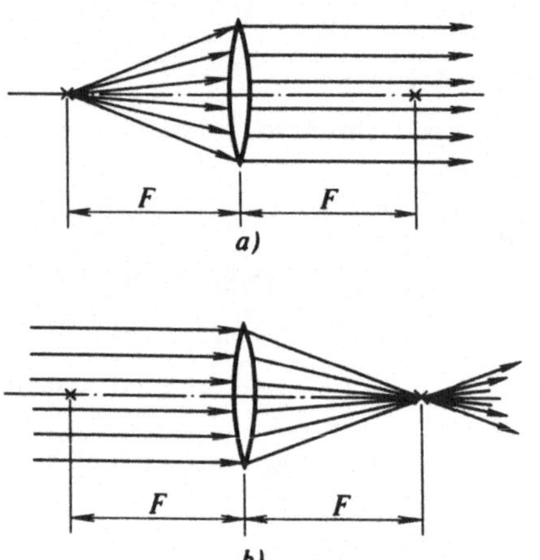

Abb. 6.4

Verlaufs von Lichtstrahlen, kann man schlußfolgern, daß ein paralleles Lichtbündel, das sich entlang der optischen Achse ausbreitet, im Brennpunkt der Linse fokussiert wird. (Entsprechend Gl. (6.6) folgt aus $d = \infty$, daß $f = F$, Abb. 6.4b.) Lenken wir unsere Aufmerksamkeit darauf, daß die Größe h, d. h. der Abstand zwischen den betrachteten Strahlen in der Linsenebene, in der Formel (6.4) nicht enthalten ist. Daraus kann man den Schluß ziehen, daß ein beliebiger anderer vom Punkt A ausgehender Strahl, der durch die Linse verläuft, unbedingt den Punkt A_1 erreicht. Es ist leicht zu erkennen, daß das Fehlen der Größe h in der Formel für die dünne Linse die Folge der Anwendung der paraxialen Näherung und die Folge der Tatsache ist, daß die Linse dünn ist, da gerade in diesem Fall gilt:

$$\sqrt{(d + \Delta_1)^2 + h^2} = d + \Delta_1 + \frac{h^2}{2(d + \Delta_1)},$$

$$\sqrt{(f + \Delta_2)^2 + h^2} = f + \Delta_2 + \frac{h^2}{2(f + \Delta_2)},$$

$$\Delta_1 = \frac{h^2}{2R_1}, \qquad \Delta_2 = \frac{h^2}{2R_2}.$$

Natürlich ist die paraxiale Näherung eben nur eine Näherung; je breiter das Strahlenbündel ist, desto schlechter funktioniert diese Näherung. Ebenso offensichtlich ist, daß jede Linse eine bestimmte Dicke besitzt. Das alles führt dazu, daß das in Abb. 6.4 dargestellte Bild idealisiert ist.

6.4. Sphärische und chromatische Aberration

In der Realität kann eine Linse strenggenommen ein Lichtbündel nicht in einem Punkt fokussieren. Das ist auch dann nicht möglich, wenn wir annehmen, daß das auf die Linse einfallende Lichtbündel genau parallel verläuft. (Solche Lichtbündel existieren in der Realität nicht, wie es auch keine punktförmigen Lichtquellen gibt.) Man kann beweisen: Je weiter ein Lichtstrahl von der optischen Achse entfernt ist, desto geringer ist für ihn die Brennweite (Abb. 6.5). Mit anderen Worten: Die Ränder der Linse lenken die

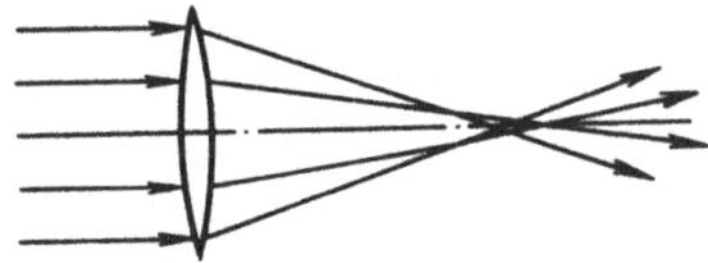

Abb. 6.5

Lichtstrahlen stärker ab, als dies für ihren Durchgang durch die Abbildung erforderlich wäre, die von den durch den zentralen Teil der Linse verlaufenden Lichtstrahlen formiert wird. Dadurch verschlechtert sich die Schärfe der erhaltenen Abbildung. Diese Erscheinung wird als *sphärische Aberration* bezeichnet.
Ganz allgemein wird der Begriff „Aberration" auf jede Art Verschlechterung und Verzerrung der von optischen Systemen (z. B. Linsen) erzeugten Abbildung angewendet. Die sphärische Aberration ist nur ein Beispiel von Aberrationen. Als ein weiteres Beispiel führen wir die *chromatische Aberration* an. Diese Aberrationsart ist mit der Dispersion verbunden. Ein nichtmonochromatischer, durch eine Linse verlaufender Lichtstrahl wird in Strahlen verschiedener Farben aufgespalten. Dabei wird der

violette Strahl stärker abgelenkt als der rote. Somit hängt die Brennweite einer Linse genaugenommen von der Wellenlänge ab. Sie wächst mit dem Übergang vom violetten zum roten Bereich des Spektrums an. Die chromatische Aberration verschlechtert die Qualität der Abbildung, sie führt zur Entstehung von regenbogenfarbenen Rändern.

Im Rahmen des vorliegenden Buches können wir die Aberration von Linsen nicht gründlicher behandeln. Wir wollen nur noch feststellen, daß ausreichend effektive Methoden zur Überwindung der Aberration entwickelt wurden; einige Beispiele werden später angeführt. Jetzt wollen wir aber von der Aberration abgehen und annehmen, daß die von uns betrachteten Linsensysteme aberrationsfrei oder, wie man in solchen Fällen sagt, *ideal* seien. Damit diese Annahme eine Grundlage besitzt, wollen wir monochromatische und dazu noch genügend schmale, achsennahe Lichtbündel betrachten.

Kehren wir zu den Formeln (6.4) bis (6.6) zurück.

6.5. Reelle und imaginäre Abbildungen

In Abb. 6.6a ist die Konstruktion der Abbildung B_1 des Punktes B mit Hilfe zweier Strahlen ausgeführt. Der Strahl BC verläuft parallel zur optischen Achse AA_1, und nach der Brechung in der Linse verläuft er durch den Brennpunkt D. Der Strahl BO verläuft durch das Zentrum der Linse und wird nicht gebrochen. Der Schnittpunkt der Strahlen CD und BO ergibt die gesuchte Abbildung B_1. Benutzt man diese Konstruktion, ist es nicht schwer, die Formel (6.6) herzuleiten. Aus der Ähnlichkeit der Dreiecke ABO und OA_1B_1 folgt, daß $\overline{AO}/\overline{OA_1} = \overline{AB}/\overline{A_1B_1}$. Aus der Ähnlichkeit der Dreiecke OCD und DA_1B_1 erhält man $\overline{OD}/\overline{DA_1} = \overline{OC}/\overline{A_1B_1}$. Da $\overline{AB} = \overline{OC}$, sind die rechten Seiten der Proportionen einander gleich; hieraus folgt, daß $\overline{AO}/\overline{OA_1} = \overline{OD}/\overline{DA_1}$ oder anders $d/f = F/(f - F)$. Man kann sich leicht davon überzeugen, daß die letzte Gleichung in die Form der Gl. (6.6) umgeschrieben werden kann.

Nehmen wir jetzt an, das Objekt AB befinde sich zwischen der Linse und ihrem Brennpunkt, wie es in Abb. 6.6b gezeigt wird. Führen wir wie vorher die Konstruktion der Abbildung des Punktes B mit zwei Strahlen aus, so erkennen wir zwei neue Momente. Erstens: Die Abbildung wird jetzt nicht als Ergebnis der Überschneidung der durch die Linse verlaufenden Strahlen selbst gebildet, sondern durch die Überschneidung ihrer Verlängerungen (gestrichelte Linien in Abb. 6.6b). Zweitens: Die Lage der Abbildung auf der optischen Achse der Linse wird jetzt nicht durch die

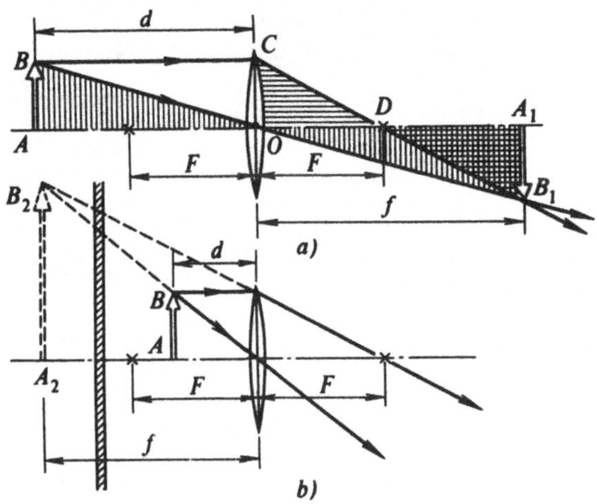

Abb. 6.6

Formel (6.6) bestimmt, sondern, wie der Leser leicht selbst überprüfen kann, durch die Formel

$$\frac{1}{F} = \frac{1}{d} - \frac{1}{f}. \tag{6.7}$$

Wie man leicht erkennt, unterscheidet sich die jetzige Abbildung
qualitativ von der im vorhergehenden Fall erhaltenen. Im in
Abb. 6.6a dargestellten Fall könnte man, wäre der Wunsch
vorhanden, eine Fotografie des Objektes erhalten, wenn man dort,
wo die Abbildung gebildet wird, d. h. im Punkt A_1, eine Fotoplatte
anbringen würde. In dem in Abb. 6.6b gezeigten Fall ist es sinnlos,
eine Fotoplatte in den Bereich des Ortes zu bringen, wo die
Abbildung entsteht (in den Punkt A_2). Eine Fotografie des
Objektes erhalten wir dabei nicht. Man kann sich eine recht
kuriose Situation vorstellen. Nehmen wir an, zwischen den
Punkten A_2 und A (d. h. zwischen der Abbildung und dem Objekt)
befinde sich eine undurchlässige Wand. In diesem Fall scheint die
Abbildung hinter der Wand gebildet zu sein, so daß es offenbar
nutzlos ist, dort eine Fotoplatte anzubringen.
Man kann die Frage aufwerfen, ob man eigentlich das, was nicht
durch die Lichtstrahlen selbst, sondern durch ihre Verlängerungen
gebildet wird, als Abbildung bezeichnen darf. Ist eine solche
Abbildung real? Ungeachtet des aufkommenden Zweifels ist die
Antwort auf diese Frage positiv. Diese Abbildung kann man sehen
(sogar wenn die oben erwähnte Wand existiert). Um die Abbildung
sehen zu können, muß der Beobachter in diesem Fall die
entsprechende Position bezüglich des Objektes und der Linse

einnehmen. Das bedeutet, in dem betrachteten Fall ist es notwendig, das *Auge des Beobachters* in das optische System mit einzubeziehen.

Wir kehren zu dieser Frage im nächsten Kapitel zurück, das speziell dem Auge als optischem System gewidmet ist. Wir wollen hier nur feststellen, daß die Abbildung, die durch das Überschneiden der Lichtstrahlen selbst entsteht, als *reelle* Abbildung bezeichnet wird und die aus dem Überschneiden der verlängerten Strahlen erhaltene Abbildung als *imaginäre* Abbildung. Wenn die reelle Abbildung auf einer Fotoplatte oder einem Bildschirm und danach auf der Netzhaut des Auges des Beobachters fixiert werden kann, so wird die imaginäre Abbildung nur auf der Netzhaut des Auges „fixiert". Übrigens treffen wir ziemlich oft imaginäre Abbildungen an; das geschieht jedesmal, wenn wir in einen gewöhnlichen Spiegel schauen.

Was die Formeln (6.7) und (6.6) betrifft, kann man sie als zwei Varianten ein und derselben Formel $1/F = 1/d + 1/f$ betrachten, wobei d und F positiv sind, während f für reelle Abbildungen positiv und für imaginäre Abbildungen negativ ist. Der Buchstabe f in Gl. (6.7) und in Abb. 6.6b bezeichnet folglich den Betrag einer negativen Größe; daher muß die Formel (6.7) umgeschrieben werden:

$$\frac{1}{F} = \frac{1}{d} - \frac{1}{|f|}. \tag{6.8}$$

6.6. Sammellinsen und Streulinsen

Die erhaltenen Resultate sind nicht nur für Bikonvexlinsen, die in Abb. 6.3 gezeigt werden, sondern allgemein für alle zur Gruppe der *Sammellinsen* gehörenden Linsen gültig. All diese Linsen werden vom Rand in Richtung zum Zentrum der Linse dicker. Ein auf eine solche Linse einfallendes ebenes Lichtbündel wird im Brennpunkt gesammelt (wenn man die Aberration außer acht läßt). Es existieren drei Typen sphärischer Sammellinsen. Sie sind in

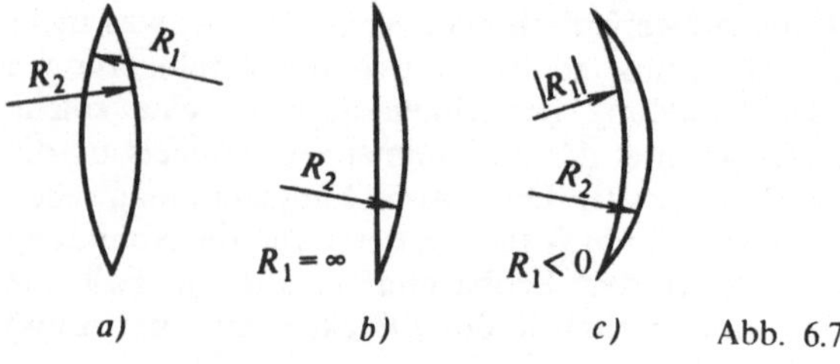

Abb. 6.7

Abb. 6.7 dargestellt: a) *bikonvex*, b) *plankonvex*, c) *konkavkonvex*. Sie alle können mit Formel (6.5) beschrieben werden, wenn man vereinbart, daß der Radius der konvexen Oberfläche der Linse positiv und der der konkaven Linsenoberfläche negativ ist.

Neben den Sammellinsen gibt es noch *Streulinsen*. Ein ebenes Lichtbündel wird gestreut, wenn es auf eine solche Linse fällt; dabei laufen die Verlängerungen der gebrochenen Strahlen (bei Fehlen der Aberration) im Brennpunkt der Linse zusammen (Abb. 6.8). Die verschiedenen Arten der Streulinsen sind in

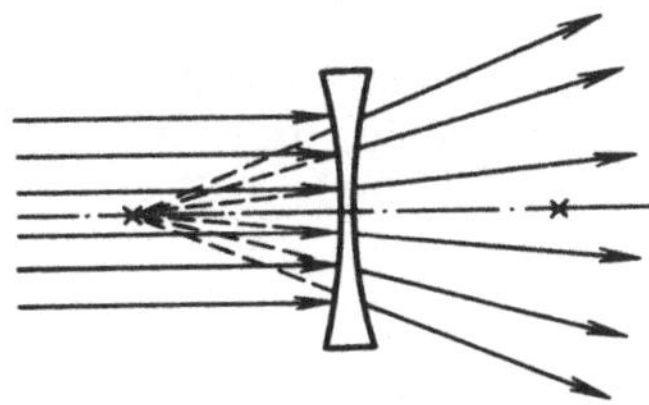

Abb. 6.8

Abb. 6.9 dargestellt: a) *bikonkav*, b) *plankonkav*, c) *konvexkonkav*. Alle Streulinsen werden vom Zentrum in Richtung Linsenrand dicker. Wendet man auf Streulinsen Gl. (6.5) an, muß, wie wir es bereits vorher getan haben, der Radius der konkaven Oberfläche

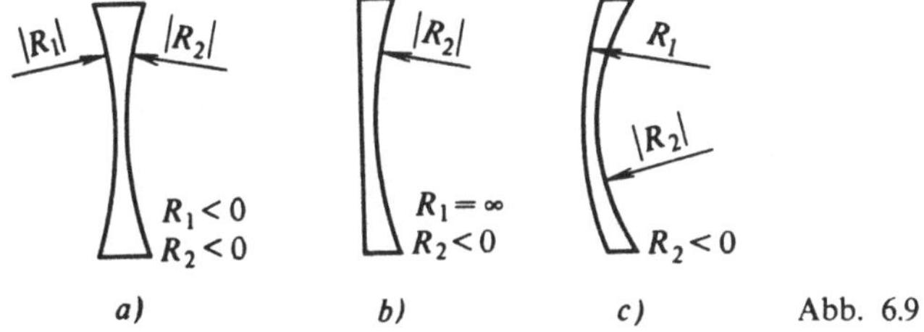

Abb. 6.9

negativ und der der konvexen Linsenoberfläche positiv genommen werden. Man kann sich leicht davon überzeugen, daß die Brennweite (und folglich auch die Brechkraft) von Streulinsen immer negativ ist. Die von einer Streulinse erzeugte Abbildung ist immer *imaginär* (Abb. 6.10). Man kann die Formel (6.6) dann auf Streulinsen anwenden, wenn man berücksichtigt, daß $F < 0$ und $f < 0$ ist. Bei Anwendung auf Streulinsen kann die Formel (6.6) in die Form

$$-\frac{1}{|F|} = \frac{1}{d} - \frac{1}{|f|} \qquad (6.9)$$

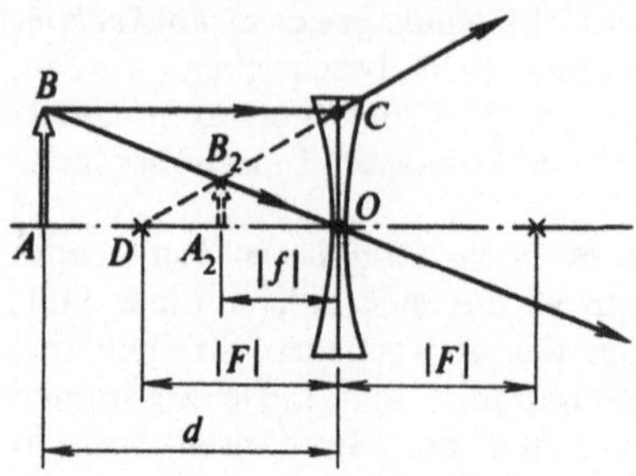

Abb. 6.10

umgeschrieben werden. Der Leser kann ohne besondere Anstrengung Gl. (6.9) aus Abb. 6.10 herleiten. Dafür braucht er nur von den Ähnlichkeiten der Dreiecke ABO und A_2B_2O und der Dreiecke DCO und DB_2A_2 auszugehen.

6.7. Die Linse im optisch dichten Medium

Als zusätzliche Bemerkung wollen wir anführen, daß alles weiter oben bezüglich der Sammel- und Streulinsen Gesagte für den Fall gilt, daß das Linsenmaterial eine größere Brechzahl besitzt als das Medium, in dem sich die Linse befindet. Die Gln. (6.1) bis (6.5) erhielten wir unter der Voraussetzung, daß sich die Linse mit der Brechzahl n in Luft befindet, deren Brechzahl – wie in ähnlichen Fällen – immer als 1 angenommen wird. Nehmen wir jetzt an, die Linse mit der Brechzahl n_1 befinde sich in einem Medium mit der Brechzahl n_2. Wir kehren zu der in Abb. 6.3 dargestellten Situation zurück und stellen fest, daß jetzt gilt:

$$T_1 = [n_2 d + n_1 (\Delta_1 + \Delta_2) + n_2 f]/c,$$

$$T_2 = [\sqrt{(d + \Delta_1)^2 + h^2} + \sqrt{(f + \Delta_2)^2 + h^2}]\frac{n_2}{c},$$

so daß anstelle von Gl. (6.1) die Gleichung

$$d + \frac{n_1}{n_2}(\Delta_1 + \Delta_2) + f = \sqrt{(d + \Delta_1)^2 + h^2} + \sqrt{(f + \Delta_2)^2 + h^2}$$

gilt. Sie unterscheidet sich von Gl. (6.1) dadurch, daß n durch das Verhältnis n_1/n_2 ersetzt wurde. Wir berücksichtigen diesen Wechsel und schreiben die Gln. (6.4) und (6.5) in der Form

$$\left(\frac{n_1}{n_2} - 1\right)\left(\frac{1}{R_1} + \frac{1}{R_2}\right) = \frac{1}{d} + \frac{1}{f}, \qquad (6.10)$$

$$\left(\frac{n_1}{n_2} - 1\right)\left(\frac{1}{R_1} + \frac{1}{R_2}\right) = \frac{1}{F}. \qquad (6.11)$$

Wenn $n_1 > n_2$ (z. B. eine Glaslinse mit $n_1 = 1{,}5$ in Wasser), so gilt $(n_1/n_2 - 1) > 0$, und es bleiben alle vorher gemachten Bemerkungen über die

Arten der Sammel- und Streulinsen in Kraft. Bringt man diese Linse aber in ein optisch dichteres Medium ($n_1 < n_2$), so gilt ($n_1/n_2 - 1) < 0$. Das Vorzeichen der Brennweite kehrt sich um, und im Ergebnis dessen wird eine Linse, die unter normalen Bedingungen eine Sammellinse ist, zu einer Streulinse (und umgekehrt). Das bedeutet z. B., eine bikonvexe Linse wird jetzt eine Streulinse und eine bikonkave Linse umgekehrt eine Sammellinse. Ein und dieselbe Linse kann also Sammellinse und Streulinse sein – in Abhängigkeit vom Verhältnis der Brechzahlen der Linse und des sie umgebenden Mediums.

6.8. Aus der frühen Geschichte der Entwicklung von Linsensystemen

Wann tauchten die ersten Linsen auf? Auf diese Frage ist es schwer, eine genaue Antwort zu geben. Man kann feststellen, daß bereits Alhazen (11. Jh.) die Fähigkeit von plankonvexen Linsen bekannt war, die Abbildung zu vergrößern. Als erster versuchte der bekannte englische Naturforscher Rodger Bakon (1214–1292), die Lichtbrechung an sphärischen Oberflächen zu betrachten. Der Absolvent der Oxforder Universität, ein für seine Zeit umfassend gebildeter Mensch, war ein großer Kenner antiker und arabischer Schriften. Bakon propagierte aktiv die experimentelle Forschungsmethode. Er leistete einen großen Beitrag zur Entwicklung der experimentellen Optik und führte zahlreiche Experimente mit sphärischen Spiegeln, mit einer Lochkamera und auch mit plankonvexen Linsen durch. In seinen Arbeiten kann man den Hinweis für Menschen mit schlechten Augen finden, auf die zu betrachtende Abbildung *plankonvexe Linsen* zu legen. „Wenn ein Mensch", schrieb Bakon, „Buchstaben oder andere kleine Gegenstände durch ein Glas oder einen anderen durchsichtigen Körper betrachtet, der auf diesen Buchstaben liegt, und wenn dieser Körper ein Kugelsegment ist, dessen konvexe Seite dem Auge zugewandt ist, so sind die Buchstaben besser zu sehen und scheinen größer zu sein... Und daher ist dieses Hilfsmittel für Menschen mit schlechten Augen nützlich."
Ende des 13. Jh. tauchten Brillen auf, und die *Produktion von Linsen* entwickelte sich schnell (zunächst konvexe und danach auch konkave). Wir kennen den Erfinder der Brille nicht. Möglicherweise stammt diese Erfindung von Handwerkern, die mit dem Schleifen von Glas beschäftigt waren. Bis zur Mitte des 14. Jh. fanden Brillen weite Verbreitung. Aus bikonvexen Linsen wurden „Brillen für alte Menschen" angefertigt (sie glichen die Weitsichtigkeit aus) und aus bikonkaven Linsen „Brillen für junge Menschen" (sie korrigierten die Kurzsichtigkeit).

6.9. Erfindung des Fernrohrs

Die Erfindung des *Fernrohrs* wird mit den Namen der holländischen Glasschleifer Jansen, Mezius und Lippershey in Verbindung gebracht. Im Prozeß ihrer Arbeit bemerkten sie offensichtlich zufällig den Effekt der Vergrößerung entfernter Abbildungen in aus zwei Linsen bestehenden Systemen. Die von den holländischen Meistern angefertigten Fernrohre waren übrigens überaus unvollkommen.

Die erste Verbesserung des Fernrohrs wurde 1609 von dem berühmten italienischen Gelehrten Galileo Galilei (1564–1642) erdacht und vorgenommen. Das war faktisch das erste *Teleskop* der Welt. In einer seiner Arbeiten beschrieb Galilei ausführlich, wie er zum Bau des Teleskops gelangte. „Wir wissen zuverlässig", schrieb er in der mit „Probierwaage" überschriebenen Arbeit, „daß der Holländer, der erste Erfinder des Fernrohrs, ein einfacher Meister war, der gewöhnliche Brillen fertigte. Er sortierte Gläser verschiedener Arten und schaute zufällig durch zwei Gläser – eines konvex und eines konkav –, die sich in unterschiedlichem Abstand vom Auge befanden. Dabei entdeckte er den entstehenden Effekt und erfand das Instrument. Angeregt durch das obengenannte Bekannte, fand ich das Instrument durch Überlegungen..." In seiner Arbeit „Siderius Nuncius" (Sternenbotschaft) beschrieb Galilei sein Fernrohr und bemerkte: „Ich fertigte ein Bleirohr, an dessen Enden ich zwei optische Gläser befestigte, beide eben von der einen Seite, von der anderen Seite das eine Glas konvex und das andere konkav. Das Auge an dem konkaven Glas, sah ich die Gegenstände genügend groß und nah, sie schienen 10fach größer als mit bloßem Auge betrachtet."

6.10. Strahlengang im Galileischen Fernrohr; Winkelvergrößerung

Das von Galilei erfundene Fernrohr ist heute unter der Bezeichnung *Galileisches Fernrohr* bekannt. Verweilen wir etwas länger bei seinem Aufbau und betrachten den Strahlengang in ihm. Das Galileische Fernrohr besitzt zwei Linsen – eine Sammellinse und eine Streulinse. Die Sammellinse befindet sich an dem Ende des Fernrohrs, das auf das zu beobachtende Objekt gerichtet ist; sie heißt *Objektiv*. Die Streulinse befindet sich am anderen Ende des Fernrohrs; das Auge des Beobachters befindet sich in unmittelbarer Nähe dieser Linse; sie heißt *Okular*. Mit F_1 wollen wir die Brennweite des Objektivs bezeichnen und mit $|F_2|$ die des Okulars; wesentlich dabei ist, daß $F_1 > |F_2|$. Die Linsen werden

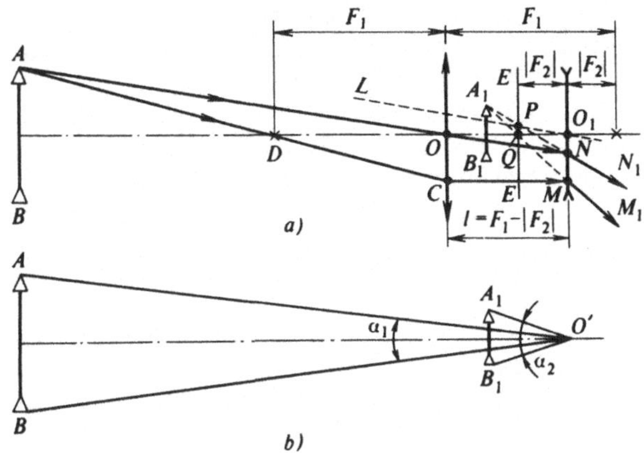

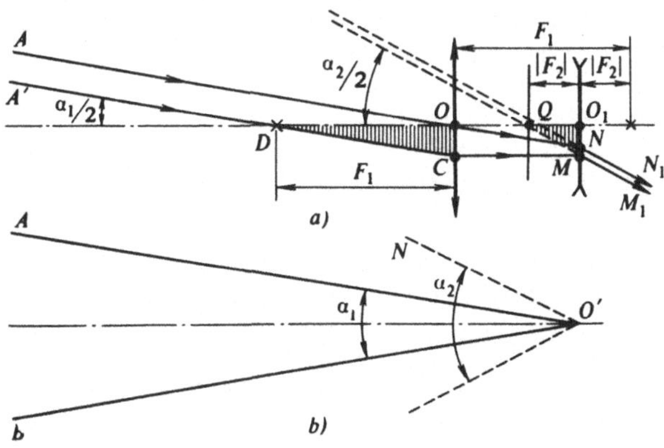

Abb. 6.11

im Rohr in einem solchen Abstand zueinander angebracht, daß ihre hinteren Brennpunkte zusammenfallen; in diesem Fall gilt für die Länge des Rohrs $l = F_1 - |F_2|$. Bei der Erörterung des Strahlengangs im Galileischen Fernrohr betrachten wir zwei Situationen getrennt. Nehmen wir zu Beginn an, der Beobachter schaut durch das Fernrohr auf ein verhältnismäßig nahes Objekt mit geringen Abmessungen; diese Situation wird durch Abb. 6.11 erhellt. Danach wenden wir uns der in Abb. 6.12 dargestellten Situation zu, wo der Beobachter durch das Fernrohr ein sehr weit entferntes Objekt, z. B. den Mond, betrachtet.

Beginnen wir mit der Betrachtung des relativ nahen Objektes. In Abb. 6.11a ist der Verlauf zweier Strahlen gezeigt, die vom Punkt A aus zum Objektiv gehen. Der Strahl AO verläuft durch das Objektivzentrum O und gelangt im Punkt N auf das Okular. Um den weiteren Verlauf dieses Strahls zu bestimmen, zeichnen wir

Abb. 6.12

109

durch das Zentrum des Okulars O_1 den Strahl $LO_1 \parallel ON$. Der Strahl LO_1 schneidet die Brennebene EE des Okulars in einem bestimmten Punkt P. Man kann feststellen, daß der Strahl NN_1 beim Verlassen des Okulars so gerichtet ist, daß seine Verlängerung genau durch den Punkt P verläuft. Diese Feststellung folgt aus der bekannten Regel: Ein Bündel paralleler Strahlen wird in einer idealen Linse so gebrochen, daß sich entweder die Strahlen selbst oder ihre Verlängerungen in einem auf der Brennebene der Linse befindlichen Punkt schneiden. Im gegebenen Fall sind LO_1 und ON parallele Strahlen. Es ist klar, daß der erste von beiden durch das Okular verläuft, ohne dabei seine Richtung zu verändern. Jetzt wenden wir uns dem zweiten vom Punkt A des Objektes ausgehenden, auf das Objektiv fallenden Strahl zu. Das ist der Strahl AD in Abb. 6.11a. Er verläuft durch den Brennpunkt D des Objektivs. Deshalb breitet sich dieser Strahl hinter dem Objektiv parallel zur optischen Achse der Linse aus und wird im Okular so gebrochen, daß seine Verlängerung durch den Brennpunkt Q des Okulars verläuft. Der Schnittpunkt der Verlängerungen der Strahlen NN_1 und MM_1 ergibt den Punkt A_1, der die Abbildung des Punktes A im Galileischen Fernrohr ist. Symmetrisch zu diesem Punkt ist der Punkt B_1, der die Abbildung des Punktes B ist.

Wir erkennen also, daß das Galileische Fernrohr eine nicht auf dem Kopf stehende (gerade) imaginäre Abbildung des Objektes liefert. Vergleicht der Leser die Abmessungen der Abbildung A_1B_1 und des Objektes AB, kann er zu der Schlußfolgerung gelangen, daß das Galileische Fernrohr nicht vergrößert, sondern im Gegenteil verkleinert. Eine solche Schlußfolgerung ist jedoch nicht richtig. Obwohl der Abschnitt A_1B_1 kürzer als AB ist, ist er jedoch dem Auge des Beobachters erheblich näher. Wie in Abb. 6.11b gezeigt, sieht der Beobachter (er befindet sich im Punkt O') die Abbildung A_1B_1 unter dem Winkel α_2, der erheblich größer als der Winkel α_1 ist, unter dem der Beobachter das Objekt ohne Fernrohr sehen würde. Unterstreichen wir also: Das Fernrohr vergrößert den Winkel, unter dem der Beobachter das Objekt sieht. Mit anderen Worten: Das Fernrohr vergrößert die *Winkelabmessungen* des Objektes. Das Verhältnis

$$\chi = \frac{\tan \alpha_2}{\tan \alpha_1} \tag{6.12}$$

nennt man *Winkelvergrößerung*. Im nächsten Kapitel werden wir uns davon überzeugen, daß bei der Betrachtung eines Objektes eben die Winkelvergrößerung (und nicht die lineare) wesentlich ist. Im weiteren nehmen wir an, das durch das Galileische Fernrohr betrachtete Objekt befinde sich so *weit* vom Beobachter entfernt, daß die von dem einen oder anderen Punkt des Objektes ausgehenden Strahlen als *parallele* Strahlen angesehen werden können. Wir richten das Galileische Fernrohr auf den Mond. Mit bloßem Auge ist die Mondscheibe in einem Winkel von $\alpha_1 = 0{,}5°$ zu sehen. (Genaugenommen hängt der Winkel α_1 aufgrund der Refraktion des Lichtes in der Atmosphäre von der Höhe des Mondes über dem Horizont ab, was aber im gegebenen Fall für uns unwesentlich sein soll.) Nehmen wir an, die in Abb. 6.12a eingezeichneten parallelen Strahlen AO und $A'D$ gelangen vom oberen Rand der Mondscheibe zum Fernrohrobjektiv; sie bilden den Winkel $\alpha_1/2$ mit der optischen Achse des Fernrohrs, das genau auf das Zentrum der Mondscheibe gerichtet ist. Der Leser kann sich leicht selbst davon überzeugen, daß nach der Brechung im Okular diese Strahlen erneut *parallel zueinander* verlaufen ($NN_1 \parallel MM_1$). Jedoch ist dann der Winkel dieser Strahlen mit der optischen Achse des Fernrohrs bereits ein anderer; wir bezeichnen ihn mit $\alpha_2/2$. Man kann leicht erkennen, daß $\alpha_2 > \alpha_1$ (s. Abb. 6.12b).

Das Verhältnis α_2/α_1 kann mühelos gefunden werden. Aus dem Dreieck DOC der Abb. 6.12a ist zu sehen, daß $\tan(\alpha_1/2) = \overline{OC}/\overline{DO}$, und aus dem Dreieck QO_1M erhalten wir $\tan(\alpha_2/2) = \overline{O_1M}/\overline{QO_1}$. Da $\overline{OC} = \overline{O_1M}$, gilt

$$\frac{\tan\dfrac{\alpha_2}{2}}{\tan\dfrac{\alpha_1}{2}} = \frac{\overline{DO}}{\overline{QO_1}} = \frac{F_1}{|F_2|}. \tag{6.13}$$

Da die Winkel α_1 und α_2 klein sind (in der Abbildung wurden sie der Anschaulichkeit halber bedeutend größer eingezeichnet), ersetzen wir das Verhältnis der Tangens durch das Verhältnis der Winkel, und unter Berücksichtigung von Gl. (6.12) schreiben wir Gl. (6.13) um:

$$\chi = \frac{\alpha_2}{\alpha_1} = \frac{F_1}{|F_2|}. \tag{6.14}$$

Somit gestattet das Galileische Fernrohr beim Betrachten weit entfernter Objekte eine Winkelvergrößerung um das $(F_1/|F_2|)$fache. Wenn z. B. $F_1/|F_2| = 10$, so ist die Mondscheibe dem Beobachter bereits nicht mehr unter dem Winkel $\alpha_1 = 0{,}5°$ sichtbar, sondern unter dem Winkel $\alpha_2 = \alpha_1 (F_1/|F_2|) = 5°$. Wir wollen darauf hinweisen, daß die Seiten des vorliegenden Buches in einem Abstand von 1,5 m unter einem solchen Winkel sichtbar sind.

6.11. Astronomische Beobachtungen Galileis

Das außerordentliche Verdienst Galileis für die Wissenschaft
bestand nicht nur in der Erfindung des Fernrohrs, sondern auch in
der Tatsache, daß er als erster dieses Fernrohr zum Himmel rich-
tete. „Ich ließ die irdenen Dinge zurück und wendete mich denen
des Himmels zu", schrieb der Gelehrte in „Sternenbotschaft". Mit
Hilfe seines Fernrohrs beobachtete er die Landschaft des Mondes,
entdeckte die Phasen der Venus und die Sonnenflecken. Galilei
sah mit eigenen Augen am Himmel die Verkörperung des
Kopernikanischen Systems – die vier Monde des Jupiters, und
später entdeckte er auch die Existenz von Monden beim Saturn.
Der Gelehrte verstand ausgezeichnet, welchen Schlag die Entdeckung der Planetenmonde den Gegnern des Kopernikanischen
Systems und vor allem den Dogmen der Kirche versetzte. War
doch die Erde entsprechend der Heiligen Schrift das Zentrum des
Weltalls. Nachdem er gewissenhafte und langwierige Beobachtungen durchgeführt hatte, schrieb Galilei mit Überzeugung: „Ich
erkannte ohne das geringste Zögern, daß vier Himmelskörper
existieren, die sich um den Jupiter bewegen, ähnlich wie sich Venus
oder Merkur um die Sonne drehen. Wir besitzen jetzt ein offen-
kundliches Argument, um die Zweifel derjenigen zu zerstreuen, die
dazu neigen, zuzulassen, daß sich die Planeten um die Sonne
bewegen, jedoch verwirrt sind, in welcher Weise sich der Mond um
die Erde bewegt und gleichzeitig mit ihr einen jährlichen Kreis um
die Sonne vollzieht… Wir wissen jetzt, es gibt Planeten, die sich
umeinander drehen und sich gleichzeitig um die Sonne bewegen.
Wir wissen, daß sich um den Jupiter nicht nur ein, sondern vier
Monde bewegen, die ihm während der ganzen zwölfjährigen
Bewegung um die Sonne folgen."
Braucht man sich zu wundern, daß nach solchen sensationellen
Entdeckungen eine erbitterte Verfolgung des Gelehrten von seiten
der Kirche begann?
In unseren Tagen ist das Galileische Fernrohr von ver-
vollkommneten Teleskopsystemen verdrängt worden, die es ge-
statten, eine bedeutend größere Winkelvergrößerung zu erhalten
und gleichzeitig eine hohe Qualität der Abbildung zu ermöglichen.
Dieser bescheidene Vorläufer der modernen Teleskope dient den
Menschen aber noch heute. Man erinnert sich an ihn jedesmal,
wenn man ein gewöhnliches Theaterglas in die Hand nimmt. Es ist
nichts anderes als eine Kombination von zwei kleinen Galileischen
Fernrohren.

6.12. „Dioptrice" von Kepler und nachfolgende Arbeiten

Zur Zeit Galileis lebte und arbeitete der bekannte deutsche Wissenschaftler Johannes Kepler. Er erfand seine Variante des Teleskops, bei der er nicht nur für das Objektiv, sondern auch für das Okular eine Sammellinse verwendete. Im Jahre 1611 veröffentlichte Kepler seine grundlegende Arbeit zur Optik, die „Dioptrice". In diesem Buch wird eine Beschreibung der Eigenschaften verschiedener Linsen gegeben, ebenso von Linsenkombinationen, der Bestimmung der Brennpunkte, der Gesetzmäßigkeiten, die die Lage des Objektes und der Abbildung miteinander verbinden. Erstmals wurde hier erklärt, wie man eine Abbildung konstruieren muß, indem man den Gang zweier Lichtstrahlen verwendet und den Schnittpunkt dieser Strahlen oder ihrer Verlängerungen sucht. In diesem Buch ist auch eine qualitative Beschreibung der sphärischen Aberration der Linsen enthalten. Allerdings enthält das Buch keine einzige genaue Formel. Der Autor handelte im Geist seiner Zeit und gab anstelle zahlenmäßiger Beziehungen nur eine qualitative Beschreibung der angeführten Gesetzmäßigkeiten. Übrigens sollten wir dieses fundamentale Werk nicht kritisieren: Wir sollten nämlich nicht vergessen, daß zu der Zeit, als die Keplersche „Dioptrice" geschrieben wurde, das Brechungsgesetz des Lichtes noch gar nicht formuliert war.

Gleichzeitig mit den ersten Teleskopen tauchten Ende des 16./Anfang des 17. Jh. die ersten *Mikroskope* auf und wurden schnell weiterentwickelt. Mitte des 17. Jh. erreichte der bekannte holländische Naturforscher Leewenhoek eine für diese Zeit einmalige Vollkommenheit bei der Herstellung von Mikroskopen. Mit Hilfe der Mikroskope öffnete er das Tor zur Welt der Mikroben.

Nach der Entdeckung des Brechungsgesetzes des Lichtes begann man mit Versuchen, Linsensysteme zu *berechnen*. Im Jahre 1646 stellte der Italiener Cavalieri für bikonvexe Linsen die Formel $(R_1 + R_2)/R_1 = 2R_2/F$ auf. Man kann sich leicht davon überzeugen, daß die Formel von Cavalieri aus Gl. (6.5) folgt, wenn man für $n = 3/2$ annimmt. Die Formel für eine dünne Linse wurde 1693 in der allgemeinen Form von dem Engländer Halley aufgestellt. Isaac Newton analysierte in den „Lectiones Opticae" die Lichtbrechung an sphärischen Oberflächen. Er nahm eine strenge Trennung der paraxialen Optik und der Optik von Strahlen mit genügend ausgeprägter Neigung vor. Newton berechnete auch die sphärische und die chromatische Aberration von sphärischen Oberflächen. Dabei nahm er irrtümlich an, daß die chromatische Aberration in brechenden Systemen nicht zu verhindern sei.

113

6.13. Achromatische Linsen nach Dollond

Im Jahre 1746 erschien die Arbeit „Die neue Theorie des Lichtes und der Farben" des berühmten Gelehrten Leonhard Euler, in der dem Unterschied in den Farben Unterschiede in den Wellenlängen gegenübergestellt wurden. In dieser Arbeit verwies Euler auf die Möglichkeit, die chromatische Aberration von Linsen zu verhindern. Später, im Jahre 1758, konnte der englische Optiker John Dollond unter Verwendung der Eulerschen Ideen eine Linse anfertigen, an der keine chromatische Aberration auftrat. Solche Linsen wurden *achromatische* Linsen genannt. Ihre Entwicklung ermöglichte eine weitere Vervollkommnung der Teleskope, der Mikroskope und anderer optischer Geräte.

Die achromatische Linse nach Dollond ist eine Verbindung zweier Linsen; die eine Linse ist aus Kronglas und die andere aus Flintglas hergestellt. Eine solche Linse ist in Abb. 6.13 dargestellt; *1* ist

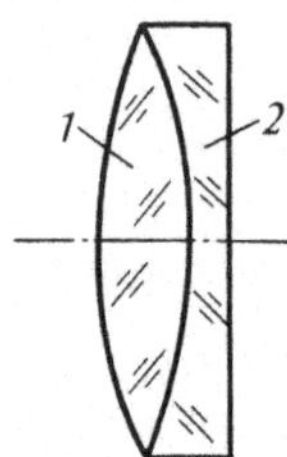

Abb. 6.13

die Kronglaslinse, *2* die Flintglaslinse. Die Brechkraft zweier miteinander verbundener dünner Linsen ist gleich der Summe der Brechkräfte der einzelnen Linsen. Unter Berücksichtigung von Gl. (6.5) und des Faktes, daß die Brennweite einer plankonkaven Linse negativ ist, schreiben wir die Brechkraft einer achromatischen Linse in der Form

$$\frac{1}{F} = \frac{1}{F_1} + \frac{1}{F_2} = (n_1 - 1)\frac{2}{R} - (n_2 - 1)\frac{1}{R}. \tag{6.15}$$

Hierbei entsprechen die Indizes den Linsen aus Kronglas (1) bzw. denen aus Flintglas (2); R ist der Krümmungsradius der sphärischen Oberfläche der Linse. Man kann die Glassorte so wählen, daß $1/F$ praktisch nicht von der Wellenlänge des Lichtes abhängt, ungeachtet dessen, daß $1/F_1$ und $1/F_2$ im einzelnen von der Wellenlänge abhängen.

Wir lösen in diesem Zusammenhang folgende Aufgabe. *Man überzeuge sich, daß bei entsprechender Auswahl der Gläser die Brechkraft der in Abb. 6.13 dargestellten achromatischen Linse für die Wellenlängen $\lambda_b = 0{,}49 \times 10^{-6}$ m (blaues Licht) und $\lambda_r = 0{,}66 \cdot 10^{-6}$ m (rotes Licht) gleich ist.* Wir schreiben Gl. (6.15) in der Form

$$\frac{1}{F} = \frac{1}{R}(2n_1 - n_2 - 1). \tag{6.16}$$

Die Brechzahlen für λ_b und λ_r bezeichnen wir entsprechend mit den Indizes „b" und „r". Aus Gl. (6.16) ist ersichtlich, daß man solche Glassorten wählen muß, daß die Gleichung

$$2n_1^b - n_2^b = 2n_1^r - n_2^r$$

erfüllt wird, oder, anders ausgedrückt:

$$2(n_1^b - n_1^r) = n_2^b - n_2^r. \tag{6.17}$$

Aus einem Nachschlagewerk entnehmen wir für Flintglas der Marke F2 $n_2^b - n_2^r = 16,8 \cdot 10^{-3}$ und für Kronglas der Marke K19 $n_1^b - n_1^r = 8,4 \cdot 10^{-3}$. Somit ist Gl. (6.17) für die Gläser der angegebenen Marken erfüllt. Sie ist es ebenfalls für Flintglas der Marke F6 ($n_2^b - n_2^r = 15,9 \cdot 10^{-3}$) und Kronglas der Marke K5 ($n_1^b - n_1^r = 7,95 \cdot 10^{-3}$).

Gegenwärtig findet die *Linsenoptik* eine ungewöhnlich breite Anwendung. Teleskopsysteme, Mikroskope, Fotoapparate, Kinoapparate, Spektrometer, Lasertechnik – es ist schwer, all die Geräte und Anlagen, in denen Linsen verwendet werden, aufzuzählen. Moderne Linsen sind oft recht komplizierte optische Elemente. Sie gestatten es, qualitativ gute Abbildungen zu erhalten, bei denen die Aberration auf ein Minimum reduziert ist.

6.14. Zonenplatte nach Fresnel

Neben der weiteren Vervollkommnung der Linsen aus Gläsern und aus anderen Materialien (z. B. durchsichtigen Polymeren) entwickelt sich in unseren Tagen eine *qualitativ neue* Richtung, optische Abbildungen zu erhalten. Die Ursprünge dieser Richtung gehen auf die Arbeiten zur Wellenoptik des berühmten französischen Gelehrten August Fresnel zu Beginn des 19. Jh. zurück. Wie aus diesen Arbeiten folgt, muß man Linsen nicht unbedingt aus Glas herstellen. Man kann sie auf ein durchsichtiges Blatt aufzeichnen.

Unsere Ausführungen über eine solch ungewöhnliche Linse beginnen wir mit der Erklärung des in der Wellenoptik breit verwendeten Begriffes der „Fresnelschen Zone". Entlang der Richtung $O'O$ breite sich ein paralleles monochromatisches Lichtbündel aus; die Ebene S sei eine Wellenfront des Bündels (Abb. 6.14). Wir wählen auf der Strecke $O'O$ einen beliebigen Punkt D aus. Den Abstand zwischen diesem Punkt und der Ebene S bezeichnen wir mit F ($\overline{OD} = F$). Gedanklich kennzeichnen wir auf der Ebene S den geometrischen Ort der Punkte, deren Abstand $F_1 = F + \lambda/2$ vom Punkt D beträgt, wobei λ die Lichtwellenlänge ist. Das ist ein Kreis mit dem Radius $r_1 = \overline{OO_1}$. Es gilt $r_1 = \sqrt{F_1^2 - F^2}$. Danach kennzeichnen wir die Kreise, die die geometrischen Orte der Punkte sind, die vom Punkt

8*

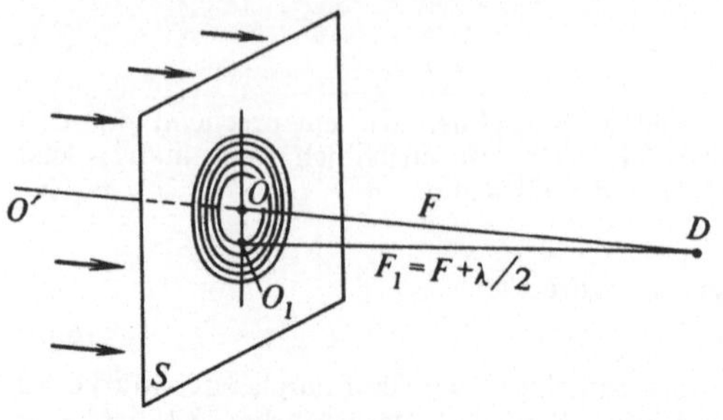

Abb. 6.14

D entsprechend $F_2 = F + \lambda$, $F_3 = F + 3\lambda/2$, ..., $F_m = F + m\lambda/2$ entfernt sind. Im Ergebnis dessen entsteht auf der Ebene S ein System von Kreisen mit dem gemeinsamen Zentrum O und den Radien $r_m = \sqrt{F_m^2 - F^2}$. Es ist leicht zu erkennen, daß

$$r_m = \sqrt{m\lambda F + \left(\frac{m\lambda}{2}\right)^2} = \sqrt{m\lambda F}, \; m = 1, 2, 3, \ldots, \tag{6.18}$$

gilt (die Summanden $(m\lambda/2)^2$ können vernachlässigt werden, da $(m\lambda/2)^2 \ll m\lambda F$ bei nicht zu großen Werten von m). Unter Berücksichtigung von Gl. (6.18) zeichnen wir dieses System von Kreisen exakt ein (in Abb. 6.15 die gestrichelten Kreise). Wir betrachten diese Kreise als zentrale Linien der aufeinanderfolgenden Ringzonen; für jede von ihnen ist ein bestimmter Wert der Zahl m charakteristisch. Die zentrale Zone ($m = 0$) ist ein Kreis. Der Radius des Kreises, der die ($m - 1$)-te und die m-te Zone abgrenzt, wird aus der Formel $\rho_m = \sqrt{\Phi_m^2 - F^2}$ (mit $\Phi_m = F_m - \lambda/4$) bestimmt. Somit gilt

$$\rho_m = \sqrt{\left(F + m\frac{\lambda}{2} - \frac{\lambda}{4}\right)^2 - F^2} = \sqrt{\left(m - \frac{1}{2}\right)\lambda F}. \tag{6.19}$$

Die in Abb. 6.15 gezeigten Zonen (sie sind gestrichelt und schraffiert) nennt man *Fresnelsche Zonen*.

Nehmen wir ein Blatt durchsichtigen Materials, bringen eine die Fresnelschen Zonen darstellende Zeichnung auf und füllen alle Zonen mit ungeradem m aus (wir machen sie undurchsichtig), d. h. alle Zonen, die in Abb. 6.15 schraffiert dargestellt sind. Wir erhalten eine *Zonenplatte nach Fresnel*. Bei $F = 1$ m und $\lambda = 0{,}64 \cdot 10^{-6}$ m ergibt sich $\sqrt{\lambda F} = 0{,}8$ mm. Im Prinzip ist die Herstellung einer solchen Platte nicht schwierig.

Wir bringen eine Fresnelsche Zonenplatte in den Gang eines parallelen Lichtbündels. Um zu verstehen, wie diese Platte auf die weitere Ausbreitung des Lichtes wirkt, erinnern wir uns an das *Huygenssche Prinzip* (s. erstes Kapitel). Wenn die ebene Wellenfront des Lichtbündels die Ebene der Platte erreicht,

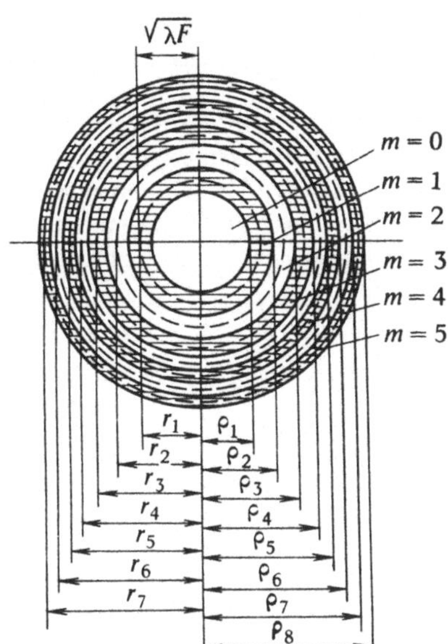

Abb. 6.15

werden alle Punkte im zentralen Kreis und in den Bereichen der durchsichtigen (m gerade) Ringe gleichzeitig zu Punktquellen sekundärer sphärischer Wellen. Die Punkte der Platte in den undurchsichtigen (m ungerade) Ringen erzeugen offensichtlich keine sekundären Wellen. Da die Zonenplatte so hergestellt wurde, daß sich die Abstände von den Mitten der verschiedenen durchsichtigen Ringe zum Punkt D auf der Achse des Bündels um *geradzahlige* Vielfache der Wellenlänge voneinander unterscheiden, gelangen die sekundären Lichtwellen in *ein und derselben* Phase zum Punkt D; es vergrößert sich also erheblich die Intensität des Lichtes im Punkt D, als ob das ursprüngliche Lichtbündel in diesem Punkt *fokussiert* werden würde. Die Zonenplatte nach Fresnel wirkt also ähnlich wie eine Sammellinse und kann als ein zweidimensionales Analogon zur Linse betrachtet werden. Eine Platte, deren Ringstruktur den Formeln (6.18) und (6.19) entspricht, sammelt das einfallende parallele Lichtbündel mit der Wellenlänge λ in einem Punkt, der sich auf der Achse des Bündels in der Entfernung F von der Platte befindet. Eine Linse der Form der Fresnelschen Zonenplatte bricht das Licht nicht. Wir treffen hier auf eine andere optische Erscheinung – die *Beugung* des Lichtes. Die Zonenplatte kann als Beispiel für ein *Beugungsgitter* angesehen werden. Die Erörterung der Beugung geht über den Rahmen dieses Buches hinaus. Deshalb wollen wir uns hier nur auf die Bemerkung beschränken, daß in unseren Ta-

117

gen, genauer nach der Entdeckung des Lasers, „Bilder", die ähnlich den Zonenplatten nach Fresnel sind, eine breite Anwendung bei der Steuerung von Lichtfeldern und z. B. der Erzeugung von optischen Abbildungen finden. Diese Bilder werden Hologramme genannt. Im allgemeinen Fall sind diese *Hologramme* Beugungsgitter mit einem außergewöhnlichen Streifenbild, das ganz und gar nicht an das einfache Ringbild auf der Fresnelschen Zonenplatte erinnert. Es entstand und entwickelt sich eine neue Richtung der modernen Optik, die *optische Holographie*.

7. Wie ist ein Auge aufgebaut?

7.1. Zwei Gruppen von optischen Geräten

Optische Geräte, die Bilder erzeugen, kann man in zwei Gruppen einteilen. Die Geräte der ersten Gruppe (*Projektionsgeräte*) ergeben ein *reelles* Bild, das auf einen Bildschirm oder eine Fotoplatte projiziert wird. Ein solches Bild können gleichzeitig viele Beobachter sehen. Ein charakteristisches Beispiel ist die Vorführung eines Films: Alle Zuschauer im Saal sehen gleichzeitig das reelle, auf den Bildschirm projizierte Bild.

Die Geräte der zweiten Gruppe ergeben ein *virtuelles* Bild des Objektes. Ein solches Bild nimmt in der Regel nur ein Beobachter wahr, obwohl auch Situationen denkbar sind, bei denen virtuelle Bilder von mehreren Beobachtern gleichzeitig betrachtet werden können, z. B. bei einer Lupe. Es ist wichtig, daß das virtuelle Bild eine Fiktion, eine Konvention ist (kann man doch über die Schnittpunkte der Verlängerungen der Strahlen, nicht der eigentlichen Strahlen selbst, nur theoretisch sprechen). Diese Fiktion wird jedoch zur Realität, sobald das *Auge des Beobachters* in das optische System einbezogen wird. Das vom Gerät erzeugte virtuelle Bild wird durch das Auge in ein reelles Bild umgewandelt, das auf die Netzhaut des Auges (die hintere Wand) projiziert wird. Nicht umsonst werden optische Geräte, die virtuelle Bilder liefern, als *Hilfsmittel* des Auges bezeichnet (das Auge wird „bewaffnet"). Solche Hilfsmittel sind z. B. Lupe, Brille, Mikroskop und Fernrohr. In allen diesen Fällen muß man bei der Betrachtung des Strahlengangs das Auge des Beobachters in das optische System einbeziehen. Diese Notwendigkeit wurde bereits im vorhergehenden Kapitel festgestellt – bei der Betrachtung der bei der Verwendung des Galileischen Fernrohrs erhaltenen Winkelvergrößerung.

Welche Rolle spielt das Auge des Beobachters in dem einen oder dem anderen optische Experiment? Gibt es eine Grenze, die die Lehre vom Sehen und die Lehre vom Licht trennt, und was soll man dann unter der Optik verstehen?

Ähnliche Fragen bewegten die Wissenschaftler schon lange. Zu Beginn der Entwicklung der optischen Forschungen wurde die Rolle des Auges deutlich überbetont, die Optik war faktisch die *Lehre vom Sehen*. Man darf nicht vergessen, daß man einmal annahm, daß Strahlen aus dem Auge austreten würden; man sprach ernsthaft vom „Augenlicht". Erst nach und nach verstand man, daß das Auge die Rolle eines Empfängers der vom Objekt ausgehenden Lichtstrahlen spielt; und noch später erfolgte eine Abgrenzung der Lehre vom Sehen von der Optik, die damit zur *Wissenschaft vom Licht* wurde. Heute sind wir in der Lage, die Rolle des Auges des Beobachters in der experimentellen Optik richtig zu verstehen. Es ist jedoch bemerkenswert, daß wir genau im Gegensatz zu der einst vorherrschenden Überschätzung der Rolle des Auges dazu neigen, diese Rolle heute zu unterschätzen. Auf alle Fälle wird in einer Reihe moderner Bücher und Lehrbücher zur Optik die prinzipielle Rolle des Beobachterauges beim Sehen von virtuellen Bildern nicht berücksichtigt.
Es ist überaus nützlich, wenigstens kurz zu betrachten, wie sich die Vorstellungen über den Mechanismus des Sehens und die Rolle des Auges veränderten. Natürlich erfolge das in dem Maße, wie sich die Kenntnisse vom Aufbau des Auges vergrößerten.

7.2. Aufbau und optisches System
eines menschlichen Auges

Das Auge besitzt als Ganzes eine fast regelmäßige, kugelähnliche Form (Augapfel). In Abb. 7.1 ist schematisch ein Schnitt durch das Auge dargestellt. Das Auge besitzt eine ziemlich feste äußere Begrenzung, die *weiße Lederhaut* genannt wird (*1*); der vordere Teil der Lederhaut ist stärker konvex und durchsichtig, er heißt *Hornhaut* (*2*). Die Innenseite der Lederhaut ist mit der *Aderhaut* (*3*) ausgekleidet, die aus ernährenden Blutgefäßen besteht. Der *Sehnerv* (*4*) tritt in das Auge ein, verästelt sich und bildet auf der hinteren Wand der Aderhaut eine lichtempfindliche Schicht, die *Netzhaut* (*5*). Sie besteht aus einigen Schichten Rezeptorzellen verschiedener Art. Sie spielt die Rolle des Empfängers der Licht-

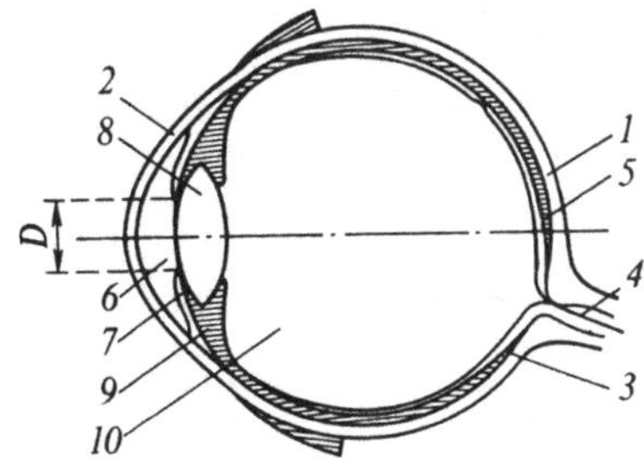

Abb. 7.1

strahlung. Im vorderen Teil des Auges befindet sich unmittelbar hinter der Hornhaut die vordere *Augenkammer* (6), die mit einer durchsichtigen wäßrigen Flüssigkeit gefüllt ist, und hinter ihr die *Regenbogenhaut* (Iris) (7). Bei verschiedenen Menschen ist die Iris unterschiedlich gefärbt, und deshalb unterscheidet sich auch die Augenfarbe. In der Regenbogenhaut befindet sich eine runde Öffnung (die *Pupille*), deren Durchmesser D sich verändern kann. Die Regenbogenhaut mit der Pupille spielt die Rolle einer Blende, die den Lichteintritt in das Auge reguliert. Gleich hinter der Regenbogenhaut befindet sich eine von der Natur gefertigte bikonvexe *Linse* (8). Diese *Kristallinse* wird vom *Ringmuskel* (9) umfaßt, unter dessen Einwirkung der Krümmungsradius der Kristallinsenoberfläche (und folglich ihre Brechkraft) verändert werden kann. Der Raum zwischen Kristallinse und Netzhaut ist mit einem durchsichtigen gallertartigen Stoff gefüllt, dem *Glaskörper (10)*.

Die vom Objekt auf das Auge einfallenden Lichtstrahlen verlaufen durch die wäßrige Flüssigkeit, die Kristallinse und den Glaskörper und werden dabei gebrochen. Die Brechzahlen der wäßrigen Flüssigkeit und des Glaskörpers sind fast die gleichen wie bei Wasser; die Kristallinse besitzt eine Brechzahl von etwa 1,4. Auf der Netzhaut wird ein reelles Bild des beobachteten Objektes erzeugt. Es ist *umgekehrt*. Das Gehirn erhält das Signal über den Sehnerv und führt die entsprechende „Berichtigung" durch, in deren Resultat wir die Gegenstände in der wirklichen Lage wahrnehmen.

7.3. Das System Lupe—Auge

In Abb. 7.2 ist als Beispiel der Strahlengang im optischen System, das aus Auge und Lupe besteht, dargestellt. Das Auge befindet sich in unmittelbarer Nähe der Sammellinse. Das Objekt AB befindet sich hinter der Linse in einem Abstand, der kleiner als Brennweite F der Linse ist. Betrachten wir einen der von B ausgehenden Strahlen, und zwar den, der in der Nähe des Pupillenrandes e verläuft. Dieser Strahl trifft nach Brechung im Auge auf die Netzhaut im Punkt B_2 auf. Der entsprechende vom Punkt A ausgehende Strahl trifft auf die Netzhaut im Punkt A_2 auf. Da der Strahl vom Punkt B, bevor er in das Auge gelangt, im Punkt b der Linse und der Strahl vom Punkt A im Punkt a der Linse gebrochen wird, nimmt das Auge nicht das Objekt AB selbst wahr, sondern sein virtuelles Bild $A_1 B_1$; be liegt auf einer Geraden mit $B_1 e$ und ac auf einer Geraden mit $A_1 c$. (Wir berücksichtigen hier nicht die Brechung in der wäßrigen Flüssigkeit des Auges, die sich vor der Kristallinse befindet.) Die in der Abbildung dargestellten Strahlen BO_1 und $BG-GD$ und auch AO_1 und $AH-HD$ tragen in diesem Falle Hilfscharakter: Sie helfen, das Bild $A_1 B_1$ des

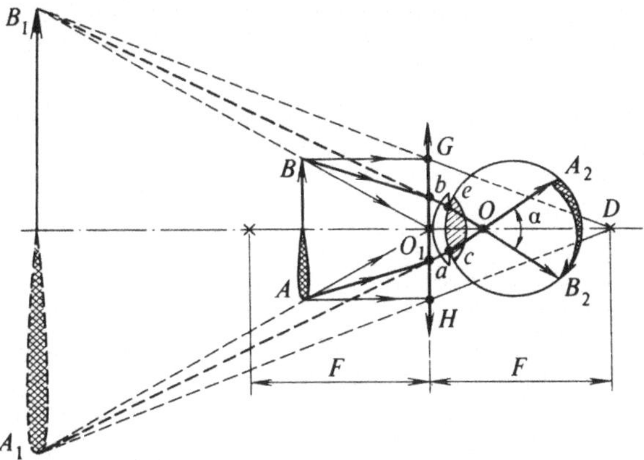

Abb. 7.2

Objektes *AB* in der Linse zu konstruieren. Das Auge nimmt also das virtuelle Bild A_1B_1 wahr und formt es in ein umgekehrtes reelles Bild A_2B_2 auf der Netzhaut um. Den Punkt O bezeichnet man als das *optische Zentrum* des Auges. (Es sei unterstrichen, daß sich dieser Punkt in Wirklichkeit bedeutend weiter links befindet, als es in der Abbildung dargestellt wurde. Er befindet sich an der hinteren Oberfläche der Kristallinse.) Der Winkel α ist der Winkel, unter dem der Beobachter die Abbildung sieht; man nennt ihn *Sehwinkel*. Je größer der Sehwinkel ist, desto größer sind die *scheinbaren* Abmessungen des Objektes.

Die Fläche der Netzhaut ist angefüllt mit einer Vielzahl von lichtempfindlichen Zellen, den *Stäbchen* und *Zäpfchen*. Zur Auflösung zweier mit dem Auge beobachteten Punkte ist es offensichtlich notwendig, daß der Abstand zwischen den Abbildungen dieser Punkte größer als die Abmessungen dieser lichtempfindlichen Zellen ist. Es zeigt sich, daß dafür der Sehwinkel nicht kleiner als eine Winkelminute sein darf.

7.4. Entwicklung der Lehre vom Sehen von Demokrit und Galen bis Alhazen und Leonardo da Vinci

Jetzt, da wir uns in allgemeinen Zügen mit dem Aufbau des Auges und dem Strahlengang in ihm bekanntgemacht haben, wenden wir uns weit zurückliegenden Zeiten zu.

Im 6. Jh. v. u. Z. glaubten die Schüler von Pythagoras, daß aus dem Auge ein unsichtbarer Fluß heraustritt und das beobachtete Objekt gewissermaßen „abtastet". Im 5. Jh. v. u. Z. nahm Empedokles an, daß neben diesem Fluß aus dem Auge auch ein von einem leuchtenden Körper ausgehender Fluß existiert. Einer der größten Materialisten des Altertums, Demokrit (460–370 v. u. Z.), verneinte die Existenz irgendwelcher Flüsse aus dem Auge und erklärte das Sehempfinden durch auf das Auge auftreffende Atome, die der leuchtende Körper aussende. Ungeachtet dessen kann man in den optischen Arbeiten von Euklid, die ungefähr um 300 v. u. Z. geschrieben wurden, die Feststellung finden: „Die vom Auge ausgesandten Strahlen breiten sich entlang eines geraden Weges aus."

Es vergingen viereinhalb Jahrhunderte, bis in den Arbeiten von Galen (130–200) die erste Beschreibung des menschlichen Auges auftaucht. Sie ist sehr unvollständig, aber es werden in ihr bereits der Sehnerv, die Netzhaut und die Kristallinse genannt. Es ist aber auch die Feststellung enthalten, daß das vom Gehirn hervorgebrachte „Augenlicht" entlang des Sehnervs verläuft, am Glaskörper gestreut wird und sich dann auf der Kristallinse sammelt, die, wie Galen annahm, das Wahrnehmungsorgan ist. Ungefähr neun Jahrhunderte später weckten die Arbeiten von Galen das Interesse des berühmten arabischen Gelehrten Alhazen (11. Jh.). Alhazen übernahm die anatomische Beschreibung des Auges von Galen, trennte sich aber entschlossen von dem Begriff „Augenlicht". „Das Sehvermögen", schrieb Alhazen, „entsteht mit Hilfe der Strahlen, die von den sichtbaren Körpern ausgesendet werden und auf das Auge treffen." Besonders wichtig ist, daß er als erster versuchte, den Mechanismus des Sehvermögens zu verstehen. Vor Alhazen nahm man einfach an, das Sehvermögen entstehe gleich als Ganzes, als etwas Einheitliches, nicht in Teile Aufspaltbares. Alhazen sprach die geniale Vermutung aus: Jedem Punkt auf der sichtbaren Oberfläche des Objektes muß ein Punkt innerhalb des Auges entsprechen, und folglich setzt sich der Prozeß der Entstehung der Abbildung des Objektes im Auge aus einer Vielzahl von Elementarprozessen der Entstehung der Abbildungen der einzelnen Punkte des Objektes zusammen. Alhazen nahm aber an, die Wahrnehmungspunkte befänden sich nicht auf der Netzhaut, sondern auf der vorderen Oberfläche der Kristallinse. Er schrieb: „Das Sehvermögen entsteht mit Hilfe einer Pyramide, deren Spitze sich im Auge befindet und deren Basis auf dem sichtbaren Körper liegt." Die Idee von Alhazen ist in Abb. 7.3 illustriert. Die Lichtstrahlen aus den Punkten A, B und C des Objektes konzentrieren sich nach Alhazen im Zentrum des Auges. Den genannten Punkten entsprechen die Wahrnehmungspunkte $A_1 B_1 C_1$ an der vorderen Oberfläche der Kristallinse.

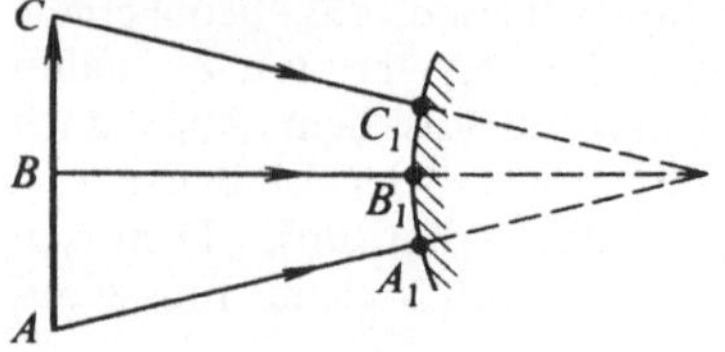

Abb. 7.3

7.5. Die Gegenüberstellung von Auge und Lochkamera in den Arbeiten von Leonardo da Vinci

Der große italienische Künstler und Naturforscher Leonardo da Vinci (1452–1519) berichtigte den Fehler von Alhazen und übertrug die Wahrnehmungspunkte von der Oberfläche der Kristallinse auf die Netzhaut. Mehr noch, bei der ausführlichen Beschreibung der *Lochkamera* wies er direkt darauf hin: „Das gleiche geht im Inneren des Auges vonstatten." Damit wurde erstmals auf eine Apparatur verwiesen, die man als das optische Analogon zum menschlichen Auge betrachten kann. S. I. Wawilow lenkte die besondere Aufmerksamkeit auf diesen Fakt: „Bis zur Lochkamera kannte man Abbildungen nur im Auge und auf von Menschenhand geschaffenen Bildern. Die Kamera unterschied exakt das Licht vom Sehen. Darin besteht ihre historische erkenntnistheoretische Rolle. Seit der Zeit der Erfindung der Kamera wandelte sich die Frage nach der Struktur des Auges, die bis dahin eine Hauptrolle in der Optik spielte, in eine spezielle, hauptsächlich physiologische und medizinische Frage um. Im 16. Jh. wurde die Optik (in der genauen Wortbedeutung die Wissenschaft vom Sehen) zur Wissenschaft vom Licht."

Man muß jedoch darauf hinweisen, daß sich Leonardo da Vinci bei der Analogie zwischen dem menschlichen Auge und der Lochkamera in einigen ziemlich wesentlichen Details geirrt hat. Er nahm an, die Kristallinse besitze die Form einer Kugel und befinde sich in der Mitte des Augapfels. Der Strahlengang in einem solchen Auge ist in Abb. 7.4 dargestellt. Leonardo da Vinci sah, daß man

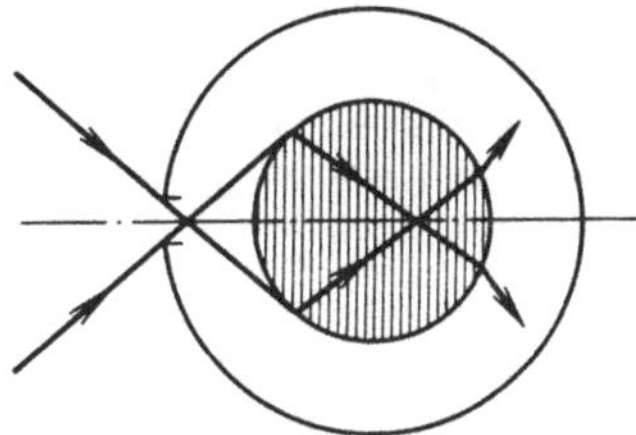

Abb. 7.4

in einer Lochkamera eine umgekehrte Abbildung erhält. Auf der Netzhaut dürfe aber, wie er annahm, die Abbildung nicht umgekehrt sein. So nahm der Gelehrte an, daß die kugelförmige Kristallinse im Inneren des Auges dazu da sei, die Abbildung noch einmal umzukehren, so daß im Ergebnis ein aufrechtes Bild entsteht (s. Abbildung). Der Fehler von Leonardo da Vinci erklärt sich nicht nur aus dem Wunsch, auf der Netzhaut keine umgekehrte Abbildung zu erhalten, sondern auch durch die

Unvollkommenheit der experimentellen Methoden zur Untersuchung der Anatomie des Auges, die dem Gelehrten zur Verfügung standen. „Bei der Zerlegung des Auges", schrieb Leonardo da Vinci, „muß man, um gut in das Innere schauen zu können und dabei nicht seine Flüssigkeit zu vergießen, das Auge in Eiweiß legen und es abkochen." Der Gelehrte wußte nicht, daß beim Abkochen die Kristallinse eine sphärische Form annimmt und ihre wirkliche Lage im Auge verzerrt wird.

Ein menschliches Auge ist wirklich einer Lochkamera sehr ähnlich. Jedoch ist innerhalb seines Glaskörpers nicht noch ein sphärischer Körper, der aufgrund der Brechung zusätzlich die Abbildung umkehrt. Die Kristallinse besitzt nicht die Form einer Kugel, sondern einer bikonvexen Linse, und sie befindet sich direkt an der Öffnung der „Lochkamera". Die Abbildung auf der Netzhaut des Auges ist also wie bei einer gewöhnlichen Lochkamera umgekehrt.

Es ist interessant, daß der Italiener Porta Ende des 16. Jh. ein Modell eines Auges – eine Lochkamera mit einer Sammellinse an der Öffnung – demonstrierte, ohne es selbst zu erkennen. An der hinteren Wand seiner vervollkommneteren Kamera beobachtete er eine umgekehrte Abbildung. Porta verwendete seine Kamerakonstruktion eher zur Unterhaltung; er kam nicht darauf, daß die Kristallinse im Auge ähnlich der an der Lochkameraöffnung aufgestellten Linse ist.

7.6. Kepler über die Rolle der Kristallinse; Young über den Mechanismus der Akkommodation

Der Gedanke, daß das auf der Netzhaut des Auges entstehende Bild umgekehrt ist, wurde erstmals von Johannes Kepler zu Beginn des 17. Jh. ausgesprochen. Kepler verstand auch, daß die Kristallinse für die *Akkommodation* notwendig ist, d. h. für die Selbsteinstellung des Auges auf nahe oder entfernte Gegenstände, um immer auf der Netzhaut eine scharfe Abbildung zu erhalten. Jedoch stellte er sich den Mechanismus der Akkommodation nicht richtig vor. Er nahm an, daß die Selbsteinstellung des Auges auf Schärfe durch die Veränderung des Abstandes zwischen der Kristallinse und der Netzhaut erfolge.

Erst im 19. Jh. bewies der Engländer Thomas Young (1773–1829) – ein bemerkenswerter Physiker, bekannter Arzt, Metallurge, Ägyptologe, Ozeanograph, Botaniker –, daß der Akkommodationsmechanismus nicht durch eine Verschiebung der Kristallinse erfolgt, sondern durch die Veränderung der Krümmung ihrer Oberfläche oder, anders ausgedrückt, durch die Veränderung der Brechkraft der Kristallinse.

Wir haben bereits festgestellt, daß die Kristallinse von einem ringförmigen Muskel umgeben wird. Ist der Muskel erschlafft, so ist die Brechkraft der Kristallinse am geringsten. In diesem Fall entsteht auf der Netzhaut eines normalen Auges eine scharfe Abbildung weit entfernter Gegenstände; man sagt, das Auge ist auf Unendlichkeit eingestellt. Das Auge hat die Fähigkeit, seine Brennweite der jeweiligen Entfernung der betrachteten Gegenstände automatisch anzupassen. Dieses Anpassungsvermögen nennt man Akkommodation: Der Ringmuskel spannt sich immer mehr an, die Kristallinse wird an den Rändern immer mehr eingedrückt, ihre Konvexheit wird größer, und ihre Brechkraft wächst an. So verläuft die Selbstanpassung des Auges bezüglich der Schärfe, und der Mensch kann in verschiedenen Entfernungen befindliche Gegenstände scharf sehen.

Sehen wir uns einen tief in Gedanken versunkenen Menschen an. Man sagt, er hat einen abwesenden Blick. Er sieht auf uns, aber er bemerkt uns offensichtlich nicht; er schaut irgendwohin in die Ferne, durch uns hindurch. Seine Augen sind der Unendlichkeit angepaßt, was wir sehr gut bemerken. Ganz anders sieht ein Mensch aus, der konzentriert ein Buch liest. In seinem ganzen Aussehen ist keine Schlaffheit. Sein Blick ist angespannt (auch wenn er uns nicht ins Gesicht schaut). Seine Augen sind einem sehr nahen Gegenstand angepaßt: dem Buch, und der Ringmuskel des Auges ist maximal angespannt. Es ist natürlich, daß der Mensch nach langem Lesen eine Ermüdung seiner Augen empfindet.

7.7. Weitsichtigkeit und Kurzsichtigkeit

Die Akkommodationsfähigkeit des Auges ist nicht unbegrenzt. In diesem Zusammenhang spricht man vom Fern- und vom Nahpunkt des Auges. Ein normales Auge besitzt keinen Fernpunkt, sein Nahpunkt befindet sich in einer Entfernung von etwa 20 cm. Der kürzeste Abstand L, in dem das Auge, ohne zu sehr zu ermüden, Gegenstände scharf sieht, heißt *deutliche Sehweite*. Für das normale Auge gilt $L = 25$ cm. Oft trifft man auf Augen mit unnormalen Akkommodationsgrenzen. Man unterscheidet kurzsichtige und weitsichtige Augen. Bei *kurzsichtigen* Augen gilt $L < 25$ cm, der Nahpunkt kann sich in einem Abstand vom Auge von nur einigen Zentimetern befinden. Der Fernpunkt liegt dabei nicht im Unendlichen (wie es beim normalen Auge der Fall ist), sondern in einem verhältnismäßig geringen Abstand, der nur einige Meter betragen kann. Mehr oder weniger weit entfernte Gegenstände können kurzsichtige Menschen nur unscharf, verschwommen sehen. Bei *weitsichtigen* Augen ist $L > 25$ cm, der Nahpunkt kann 1 m und mehr vom Auge entfernt sein. Diese Menschen sehen Gegenstände in ihrer Nähe schlecht. Dafür sehen sie entfernte Objekte gut. Mit den Jahren erschlafft der ringförmige Muskel unvermeidlich, deshalb wächst der Abstand zum Nahpunkt im Alter sogar bei normalsichtigen Menschen (altersbedingte Weitsichtigkeit).

7.8. Das Auge als vollkommene optische Einrichtung

Ungeachtet einiger möglicher Abweichungen von der Norm muß das menschliche Auge als eine hervorragende optische Einrichtung anerkannt werden. Weiter oben wurde die Fähigkeit des Auges zur Selbstanpassung auf Schärfe mit Hilfe einer Veränderung der Brechkraft der Kristallinse erwähnt. Ergänzen wir dazu die Fähigkeit des Auges, den Durchmesser der Pupille zu verändern. Diese Fähigkeit gestattet es, den Lichteintritt in das Innere des Auges zu regulieren und die Tiefe der Fokussierung zu verändern (wie bei der Veränderung der Aperturblende im Fotoobjektiv). Damit sind aber die Vorteile des Auges als optisches Gerät noch längst nicht erschöpft.

Die Aberration des Auges behindert das Entstehen des Bildes eines Gegenstandes nicht, was mit dem besonderen Aufbau der Netzhaut zusammenhängt. Das liegt daran, daß die Fähigkeit der Netzhaut, Details des beobachteten Objektes gut zu erkennen und Farben zu unterscheiden, nur in einem verhältnismäßig geringen Bereich maximal ist und schnell mit der Vergrößerung des Abstandes von dieser Zone abnimmt. Diesen Bereich nennt man den *gelben Fleck*. Im Zentrum dieses Flecks ist eine charakteristische Grube zu beobachten: der Ort mit der dichtesten Anordnung von Rezeptorzellen (vorwiegend Zäpfchen). In Abb. 7.5 ist der

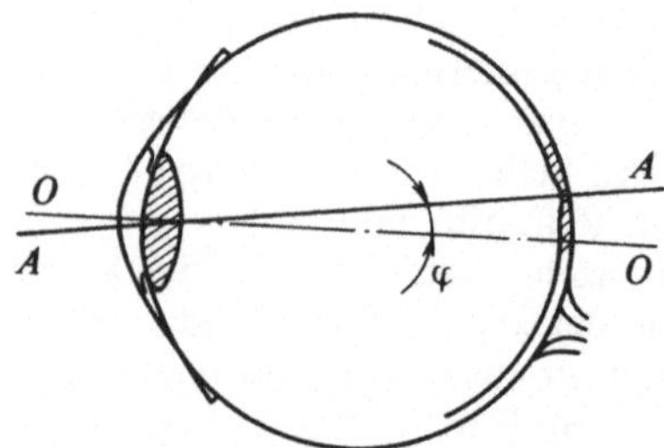

Abb. 7.5

Bereich des gelben Flecks schraffiert dargestellt; gut ist die erwähnte Grube zu sehen. Die Gerade *AA*, die durch das Zentrum des gelben Flecks (die Grube) und das optische Zentrum des Auges verläuft, heißt *Sehachse* des Auges. Sie bildet mit der optischen Achse des Auges *OO* einen Winkel von $\varphi \approx 5°$. Die Winkelabmessungen des gelben Flecks sind etwas größer als $5°$, die der

126

Grube jedoch nur 1 bis 1,5°. Die beschriebene Besonderheit der Netzhautstruktur führt dazu, daß das Auge im wesentlichen ein schmales paraxiales Lichtbündel aufnimmt, das sich entlang der Sehachse ausbreitet. Dadurch wird die Möglichkeit der Herausbildung der Aberration stark verringert. Mit der Vergrößerung der Beleuchtung des Objektes wächst diese Möglichkeit aber an. In diesem Fall wird die Lage jedoch durch die Verkleinerung des Pupillendurchmessers wieder entspannt.

Die kleinen Winkelabmessungen des gelben Flecks müßten eigentlich, wie es scheint, das *Sehfeld* verringern, da der Blickwinkel die Winkelabmessungen des gelben Flecks nicht wesentlich überschreiten soll. Das wäre so, wenn das Auge unbeweglich wäre. Die Natur aber „sah" eine gute *Beweglichkeit* des Auges „vor", die sehr gut die kleinen Winkelabmessungen des effektivsten Teils der Netzhaut kompensiert. Bei der Betrachtung des einen oder des anderen Objektes ändern wir, ohne es selbst zu bemerken, mit schnellen Sprüngen die Richtung der Sehachse, und wir richten dabei den Blick von einem Punkt des Objektes zum anderen. Dadurch gelangen zu verschiedenen Zeitmomenten verschiedene Teile der Oberfläche des Objektes, unterschiedliche Details auf die Fläche des gelben Flecks und auf die der Grube. Auf einzelnen Punkten des Objektes bleibt das Auge ruhen, andere überstreicht es, ohne anzuhalten. Das Vermögen, das Objekt als Ganzes zu sehen, ergibt sich als Resultat solcher einzelnen Betrachtungen. Wir können also unsere Aufmerksamkeit auf das eine oder andere Detail konzentrieren, und dabei bemerken wir nicht, daß das Feld des scharfen Sehens begrenzt ist. Infolge der Beweglichkeit des Auges scheint uns das Gesichtsfeld sehr groß zu sein: 120° in der Vertikalen und 150° in der Horizontalen.

Hier muß die Fähigkeit des Auges erwähnt werden, Details noch für eine *kurze Zeit* zu sehen, obwohl sie bereits aus dem Gesichtsfeld verschwunden sind. Diese Zeit beträgt ungefähr 0,1 s. Sie ist eine optimale Zeitdauer. Stellen wir uns vor, diese genannte Zeit würde plötzlich 100mal kleiner oder 100mal größer werden. Im ersten Fall würde der Anblick des Objektes in einzelne nicht miteinander verbundene Details „zerfallen". Im anderen Fall würden die Details übereinanderkriechen und keinen einheitlichen Anblick des Objektes ermöglichen. In beiden Fällen könnten wir weder einen Film noch eine Fernsehübertragung ansehen.

Wir erwähnten hier nur fünf „Vervollkommnungen", mit denen die Natur unser Sehorgan ausstattete: die Fähigkeit des Selbsteinstellens auf Schärfe, die Regulierung des Pupillendurchmessers, die hohe Empfindlichkeit der Netzhaut nur im Bereich der Sehachse des Auges, die gute Augenbeweglichkeit und die optimale Dauer der Blickwahrnehmung. Das genügt, um den hohen Grad der Vollkommenheit unseres natürlichen optischen Gerätes zu schätzen. Würden wir uns eine künstliche Wiedergabe des menschlichen Auges ausdenken, so müßten wir uns eine sich schnell drehende Lochkamera ausdenken, deren Eingangsöffnung veränderlich ist, die an dieser Öffnung eine Linse mit variabler Brechkraft besitzt und deren Rückwand mit einem komplizierten System von Lichtdetektoren ausgestattet ist. Darüber hinaus müßten wir das Problem der gegenseitigen Abstimmung der Kamerabewegung, der Veränderung des Öffnungsdurchmessers und der Veränderung der Brechkraft der Linse und dazu noch die Abstimmung all dessen mit der Beleuchtung des beobachteten Objektes, der Entfernung vom Auge und der konkreten Form berücksichtigen. Und trotzdem kann man das noch nicht als Modell des menschlichen Sehens betrachten, weil unsere in hohem Maße vollkommene Kamera nicht die Fähigkeit besäße, sich auf das eine oder das andere Detail zu konzentrieren. Außerdem ist der Prozeß des Sehens sehr eng mit dem Prozeß des Denkens verbunden.

Wawilow analysiert ausführlich die Eigenschaften und die Besonderheiten des menschlichen Auges in seinem Buch „Das Auge und die Sonne". (Wir empfehlen dem Leser, dieses Buch zu lesen.) Er stellt die Eigenschaften des Auges denen des Sonnenlichtes gegenüber und zeigt, daß „das Auge das Resultat eines außerordentlich langen Prozesses der natürlichen Auslese, das Ergebnis der Veränderungen des Organismus unter der Einwirkung der äußeren Umgebung und des Kampfes um die Existenz, um die persönliche Anpassung an die äußere Welt ist". Wawilow spricht über die bemerkenswerten Eigenschaften des menschlichen Auges und unterstreicht: „Das alles ist das Resultat der Anpassung des Auges an das Sonnenlicht auf der Erde. Das Auge kann man nicht verstehen, wenn man die Sonne nicht kennt. Im Gegenteil: Aus den Eigenschaften der Sonne kann man in allgemeinen Zügen theoretisch auf die Besonderheiten des Auges schließen, ohne sie im voraus zu kennen."

Es ist offensichtlich, daß der Mensch nicht nur heute, sondern auch in absehbarer Zukunft nicht in der Lage sein wird, ein künstliches Auge zu schaffen. Er versteht es aber bereits seit relativ langer Zeit, bestimmte Defekte des lebenden Auges zu korrigieren und seine Möglichkeiten zu erweitern.

7.9. Brillen

Seit verhältnismäßig langer Zeit werden Brillen zur Berichtigung der Weit- und der Kurzsichtigkeit verwendet (s. vorhergehendes Kapitel). In Abb. 7.6 ist der Gang der auf das Auge des

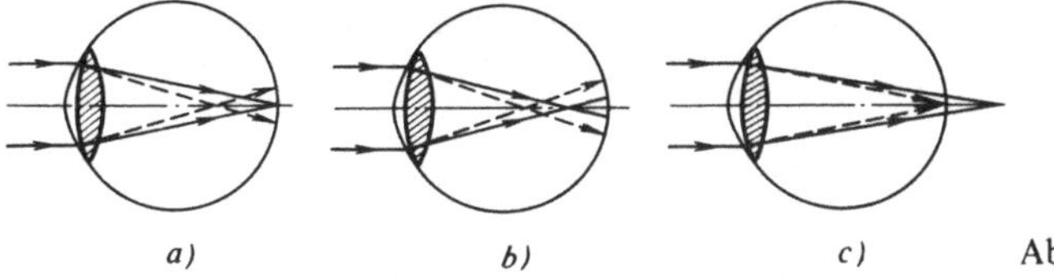

a)   *b)*   *c)*   Abb. 7.6

Beobachters fallenden Strahlen, die von einem sehr weit entfernten Objekt ausgehen, dargestellt. Es werden drei Fälle betrachtet: a) Normalsichtigkeit, b) Kurzsichtigkeit, c) Weitsichtigkeit. Die mit durchgezogenen Pfeilen dargestellten Strahlen werden bei völlig entspannten Ringmuskeln des Auges realisiert, die gestrichelten Strahlen bei angespannten Muskeln. Man sieht, daß bei Normalsichtigkeit die Akkommodation des Auges auf Unendlich bei entspanntem Muskel gegeben ist. Bei Kurzsichtigkeit ist eine Akkommodation auf Unendlich überhaupt nicht möglich. Bei Weitsichtigkeit ist sie möglich, aber bei angespanntem Ringmuskel. Abb. 7.7 zeigt, wie eine Brille die Defekte der Weit- und der

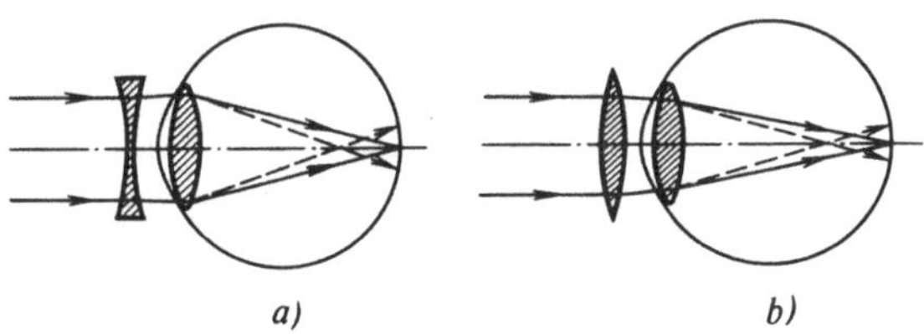

a)   *b)*   Abb. 7.7

Kurzsichtigkeit mindert. Bei Kurzsichtigkeit werden Brillen mit Streulinsen verwendet (a) und bei Weitsichtigkeit mit Sammellinsen (b). Aus der Abbildung wird ersichtlich, daß die Brille einen Strahlengang innerhalb des Auges ermöglicht, wie er bei einem normalen Auge beobachtet wird (vgl. Abb. 7.6a). Jetzt erfolgt sowohl bei kurzsichtigem als auch bei weitsichtigem Auge die Akkommodation auf Unendlich bei entspanntem Ringmuskel.

7.10. Linsensysteme zur Vergrößerung des Sehwinkels

Am Anfang dieses Kapitels verwiesen wir darauf, daß man optische Geräte, die ein virtuelles Bild liefern, als Hilfsmittel für das Auge bezeichnet. Das Wesen dieser Bezeichnung besteht darin, daß all diese Geräte den *Sehwinkel vergrößern*. Nehmen wir an, wir betrachten mit bloßem Auge ein kleines Objekt, z. B. einen Buchstaben im Text mit der Höhe l. Dabei befindet sich die Seite des Buches im Abstand der deutlichen Sehweite L vom Auge.

129

Offensichtlich wird der Sehwinkel α_1 durch die Formel

$$\alpha_1 = \frac{l}{L} \tag{7.1}$$

bestimmt (Abb. 7.8a). Bei $l = 2$ mm und $L = 25$ cm erhalten wir

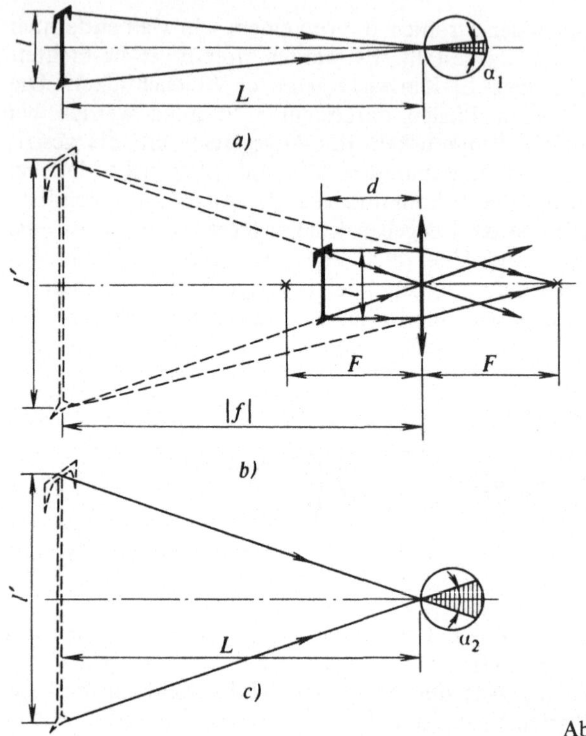

Abb. 7.8

$\alpha_1 = 0,008$ oder $27'$. Jetzt nehmen wir an, unmittelbar vor dem Auge befinde sich eine Sammellinse mit der Brennweite F; wir erhalten ein vergrößertes virtuelles Bild der Buchseite (die Linse wird als *Lupe* verwendet). Das Buch muß sich dabei in einem solchen Abstand d von der Linse befinden, daß der Abstand $|f|$ zwischen dem Bild und der Linse (dem Auge) der deutlichen Sehweite L entspricht. Setzen wir $|f| = L$ und benutzen die Formel (6.8), so erhalten wir

$$d = \frac{FL}{F + L}. \tag{7.2}$$

In Abb. 7.8b ist das virtuelle Bild des Objektes (des Buchstabens)

130

bei einer Sammellinse konstruiert. Aus der Abbildung wird ersichtlich, daß die lineare Abmessung l' der Abbildung des Buchstabens mit der wirklichen Abmessung l über die Beziehung

$$l' = l\frac{F + L}{F} \tag{7.3}$$

verbunden ist. Bringen wir das Auge ganz dicht an die Linse und betrachten wir diese Abbildung, so sehen wir den Buchstaben unter einem Sehwinkel α_2, der durch die Formel

$$\alpha_2 = \frac{l'}{L} \tag{7.4}$$

bestimmt wird. Setzen wir Gl. (7.3) in Gl. (7.4) ein, so erhalten wir

$$\alpha_2 = l\frac{F + L}{FL}$$

oder, unter Berücksichtigung von Formel (7.1),

$$\alpha_2 = \alpha_1\frac{F + L}{F}. \tag{7.5}$$

Es sei $F = 10$ cm. In diesem Fall erhalten wir aus Gl. (7.5) $\alpha_2 = 3,5$, $\alpha_1 = 0,028$, also $1,5°$. Somit erlaubt die Verwendung einer Lupe eine Vergrößerung des Sehwinkels um das 3,5fache. Unter diesem Winkel bildet sich auf der Netzhaut des Auges die Abbildung des Buchstabens aus dem Text. Dabei muß man das Buch entsprechend Gl. (7.2) in einem Abstand von $d = 7$ cm vom Auge entfernt halten.

Über die Vergrößerung der Winkelabmessungen des Bildes (und folglich des Sehwinkels) bei der Benutzung eines Teleskops sprachen wir bereits im vorhergehenden Kapitel, als wir den Strahlengang im Galileischen Fernrohr erörterten.

7.11. Facettenauge der Insekten

Zum Abschluß dieses Kapitels wollen wir kurz über die Besonderheiten des Aufbaus von *Insektenaugen* sprechen. Das Insektenauge ist ein kompliziertes Gebilde, das aus einer Vielzahl von sehr kleinen Sechsecken besteht, den *Facetten*. Die Anzahl der Facetten im Auge ist überaus groß: bei einer Ameise 100, bei einer Libelle mehr als 20 000. Die lineare Abmessung einer Facette auf der Augenoberfläche beträgt ungefähr 0,01 mm. Jede Facette spielt die Rolle einer Linse (Kristallinse) für ein einzelnes lichtempfindliches Element (*Ommatidie*). In Abb. 7.9 wird der schematische Aufbau eines Facettenauges dargestellt. Eine einzelne Facette

9*

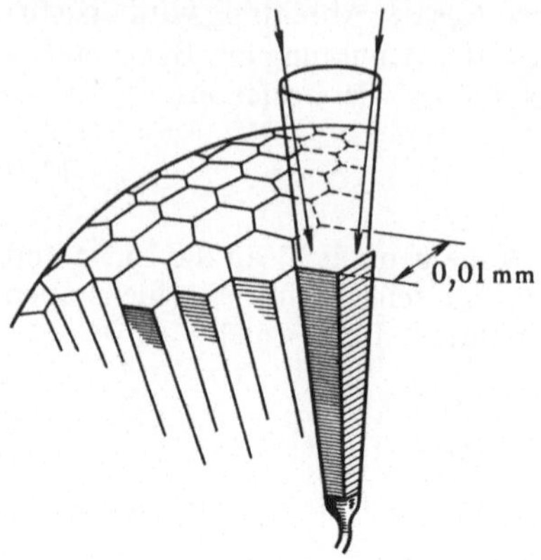

Abb. 7.9

ist hervorgehoben; es wird der Kegel gezeigt, in dem die Lichtstrahlen zur Ommatidie der gegebenen Facette gelangen können. Insgesamt ist das Insektenauge durch einen sehr großen Gesichtswinkel charakterisiert. Jedoch werden unterschiedliche Objekte in verschiedenen Ommatidien abgebildet, so daß eine recht grobe mosaikartige Abbildung entsteht. Aber ein solcher Aufbau des Auges besitzt auch seine Vorzüge: Er gestattet es, sich bewegende Objekte besonders genau zu empfinden. Ein sich am Insektenauge vorbeibewegendes Objekt wird nacheinander von verschiedenen Ommatidien aufgenommen. Dadurch ist eine unbewußte Abschätzung der Geschwindigkeit des sich bewegenden Objektes durch das Insekt möglich.

8. Warum beobachtet man in Kristallen Doppelbrechung des Lichtes?

8.1. Entdeckung der Doppelbrechung des Lichtes im isländischen Spat durch Bartholinus

„Aus Island, einer Insel im Nordmeer, gelegen auf dem 66. Breitenkreis, stammt eine besondere Kristallart, ein durchsichtiger Stein, der wegen seiner Form und anderer Eigenschaften überaus bemerkenswert ist. Besonders bemerkenswert ist er aber wegen seiner eigentümlichen Lichtbrechung." Diese Zeilen sind dem Buch „Traktat über das Licht" von Christiaan Huygens, erschienen 1690 in Leiden, entnommen. Jedoch schon 20 Jahre vor dem Erscheinen dieses Buches wurde eine Arbeit des dänischen Gelehrten Erasmus Bartholinus veröffentlicht, die den Titel trug:

132

„Versuche mit Kristallen des isländischen Kalkspates, bei denen man eine erstaunliche und sonderbare Brechung beobachtet". In der Arbeit von Bartholinus wurde die Entdeckung einer neuen physikalischen Erscheinung mitgeteilt: *die Doppelbrechung des Lichtes.* (Man verwendet auch den Begriff „*doppelte Strahlenbrechung*".)

Bei der Betrachtung der Lichtbrechung im Kristall des isländischen Spates (Calcit: $CaCO_3$) entdeckte Bartholinus zur großen Verwunderung, daß der Strahl innerhalb des Kristalls in zwei Strahlen aufgespalten wird. Der eine Strahl unterliegt dem Brechungsgesetz, der andere jedoch nicht. Den ersten Strahl nannte man den *ordentlichen* Strahl und den zweiten den *außerordentlichen.* (Bartholinus nannte ihn den „beweglichen".) In Abb. 8.1a wird die Erscheinung der Doppelbrechung bei dem

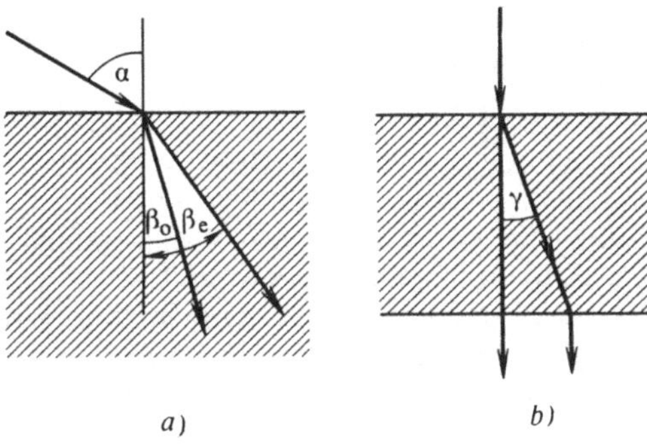

a)   b)   Abb. 8.1

Einfallswinkel α des Lichtes gezeigt. Die Brechungswinkel für den ordentlichen und den außerordentlichen Strahl sind entsprechend mit β_0 und β_e bezeichnet. (Der Index „o" wird von dem Wort ordinary $\hat{=}$ ordentlich abgeleitet, der Index „e" von extraordinary $\hat{=}$ außerordentlich.) Das Verhältnis $\sin\alpha/\sin\beta_0$ ist eine konstante Größe, sie ist für den Kalkspat gleich 5/3. Das Verhältnis $\sin\alpha/\sin\beta_e$ besitzt eine erstaunliche Unbeständigkeit, wie das Experiment zeigt. Es hängt erstens vom Einfallswinkel ab. Zweitens hängt es bei konstantem Einfallswinkel von der Auswahl der brechenden Kante des Kristalls ab. Nicht umsonst bezeichnete Bartholinus den außergewöhnlichen Strahl als den „beweglichen". Bartholinus entdeckte, daß die Doppelbrechung auch dann beobachtet wird, wenn der einfallende Lichtstrahl senkrecht auf der Oberfläche des Kristalls steht (Abb. 8.1b). Dabei wird der ordentliche Strahl nicht gebrochen, und der außerordentliche Strahl bildet mit ihm einen Winkel γ. Es ist interessant, daß beide Strahlen beim Austreten aus dem Kristall zueinander parallel verlaufen. Bartholinus entdeckte auch, daß im Spatkristall eine Richtung existiert, entlang der der Lichtstrahl nicht aufgespalten wird.

Die Doppelbrechung erschien den Zeitgenossen von Bartholinus als äußerst rätselhaft und unverständlich. Das unerklärliche, erstaunliche Verhalten des außerordentlichen Strahls war wie eine Herausforderung an das Brechungsgesetz. Und trotzdem wurde eine Erklärung für dieses rätselhafte Verhalten schnell gefunden. Diese fand der Zeitgenosse von Bartholinus, der berühmte holländische Physiker und Mathematiker Christiaan Huygens. Er interessierte sich für die Entdeckung von Bartholinus und führte selbständige Untersuchungen zur Doppelbrechung im isländischen Spat und im Quarz durch. Die von Huygens gegebene Erklärung für diese Erscheinung hat ihren Eingang in die modernen Lehrbücher der Optik gefunden.

8.2. Der Kristall als optisch anisotropes Medium

Vorsorglich wollen wir den Leser an etwas gut Bekanntes erinnern: Ein Kristall ist ein *anisotroper* Stoff. Das Wort „anisotrop" bedeutet, daß die physikalischen Eigenschaften des Kristalls von der Richtung im Raum abhängen. Bisher nahmen wir stillschweigend an, daß alle Stoffe isotrop sind. Das war auch richtig, da wir Glas, Wasser und Luft betrachteten und nicht durchsichtige Kristalle. Bei verschiedenen Kristallen ist die Anisotropie unterschiedlich ausgeprägt. Es gibt eine sehr große Gruppe von Kristallen (der isländische Spat ist einer der zahlreichen Vertreter dieser Gruppe), bei denen eine interessante Richtung existiert; bei Drehung um diese Richtung tritt die Anisotropie der Kristalleigenschaften nicht auf. Diese Richtung nennt man die *optische Achse* des Kristalls und die betrachtete Kristallgruppe *einachsige* Kristalle. Die optischen Eigenschaften der einachsigen Kristalle sind in allen den Richtungen gleich, die ein und denselben

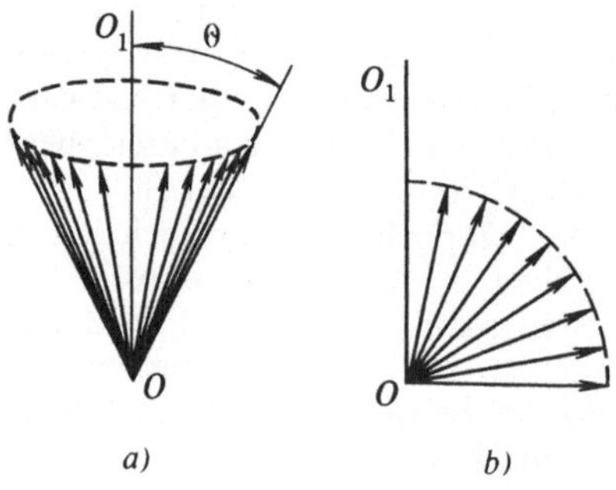

Winkel mit der optischen Achse bilden. Diese Richtungen sind in Abb. 8.2a mit Pfeilen dargestellt, OO_1 ist die optische Achse, θ ist der erwähnte Winkel. Die optischen Eigenschaften des Kristalls wechseln bei Veränderung von θ. Sie sind unterschiedlich in den in Abb. 8.2b gezeigten Richtungen. Den Begriff (und den Terminus) „optische Achse" führte Huygens ein. Er führte auch die in der modernen Optik oft verwendete Bezeichnung „Hauptschnitt" ein. Das ist eine Ebene, die durch die optische Achse verläuft. Gewöhnlich wird der Hauptschnitt betrachtet, der durch die optische Achse und den Lichtstrahl geht.

8.3. Erklärung der Doppelbrechung in Huygens' „Traité de la Lumière"; ordentliche und außerordentliche Lichtwellen

Die Erklärung der Doppelbrechung des Lichtes ist im wesentlichen in den folgenden aus dem „Traktat über das Licht" von Christiaan Huygens entnommenen Sätzen enthalten: „Da hier zwei verschiedene Brechungen auftreten, dachte ich mir, daß auch zwei verschiedene Kategorien sich ausbreitender Lichtwellen existieren... Die Wellen mit der richtigen Brechung besitzen eine gewöhnliche sphärische Form. Was die andere Kategorie anbetrifft, die eine nicht richtige Brechung erfahren muß, so wollte ich ausprobieren, was elliptische oder, besser gesagt, rotationselliptische Wellen ergeben... Mir schien, daß eine entsprechende Anordnung der Teilchen im Kristall die Bildung von rotationselliptischen Wellen ermöglichen kann, wofür nur notwendig ist, daß die Bewegung des Lichtes in die eine Richtung etwas schneller ist als in die andere Richtung..."
In einem Punkt O des Kristalls befinde sich also eine punktförmige Lichtquelle. Nach Huygens (und entsprechend den modernen Vorstellungen) erzeugt diese Quelle zwei verschiedene Lichtwellen. Diese Wellen unterscheiden sich in der Form ihrer *Wellenoberfläche*. Erinnern wir uns: Die Wellenoberfläche ist der geometrische Ort der Punkte, bis zu denen das Licht von der gegebenen Punktquelle aus ein bestimmtes Zeitintervall benötigt. Bei der einen Welle ist diese Oberfläche eine *Kugel* (die ordentliche Welle), bei der anderen ein *Rotationsellipsoid* um die optische Achse des Kristalls, die durch den Punkt O verläuft (außerordentliche Welle).[1] Im Hauptschnitt sehen diese Wellenoberflächen wie ein

---

[1] Als Erklärung: Die optische Achse kann man nicht als eine Gerade betrachten, die durch einen bestimmten Punkt im Kristall verläuft. Sie kennzeichnet nur eine definierte Richtung. Daher kann die optische Achse gedanklich durch einen beliebigen Punkt gelegt werden.

Kreis und eine *Ellipse* aus (Abb. 8.3). Für die ordentliche Welle kann der Kristall als ein isotroper Stoff betrachtet werden; diese Welle breitet sich in alle Richtungen mit ein und derselben Ge-

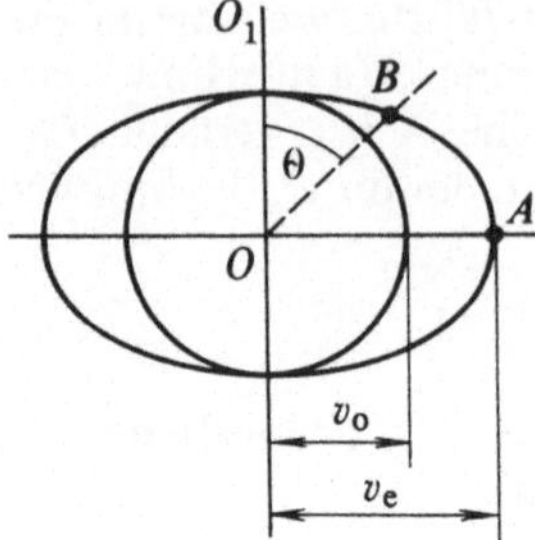

Abb. 8.3

schwindigkeit aus. Wir bezeichnen die Geschwindigkeit der ordentlichen Welle mit v_o. Sie wird durch den Radius des Kreises in Abb. 8.3 bestimmt. Aus der Abbildung wird ersichtlich, daß bei Ausbreitung des Lichtes entlang der optischen Achse OO_1 die außerordentliche Welle die gleiche Geschwindigkeit v_o besitzt wie auch die ordentliche Welle, wogegen bei Ausbreitung des Lichtes senkrecht zur optischen Achse die Geschwindigkeit der außerordentlichen Welle eine andere ist. Sie wird durch die Länge des Abschnittes $\overline{OA}$ bestimmt, wir bezeichnen sie mit v_e.
Im gegebenen Fall ist $v_e > v_o$. Solche einachsigen Kristalle nennt man *negativ* (der isländische Kalkspat gehört zu den negativen einachsigen Kristallen). Es existieren auch einachsige Kristalle, für die $v_e < v_o$. Diese nennt man *positiv*.
Wir warnen den Leser vor der scheinbar natürlichen Schlußfolgerung, daß der Abschnitt $\overline{OB}$ (s. Abb. 8.3) die Geschwindigkeit der außerordentlichen Welle bei Ausbreitung des Lichtes im Winkel θ zur optischen Achse charakterisiert. Das tun wir deshalb, weil mit Ausnahme der Fälle $\theta = 0$ (180°) oder $\theta = 90°$ der Begriff „Ausbreitungsgeschwindigkeit des Lichtes" seine Eindeutigkeit verliert und zusätzliche Präzisierungen verlangt. Übrigens ist das unmittelbar mit der Erscheinung der Doppelbrechung verbunden. Die notwendigen Erläuterungen werden etwas später gegeben. Dann wird auch gezeigt werden, daß bei $\theta = 0$ (180°) und 90° keine Doppelbrechung existiert.

8.4. Huygenssche Konstruktion; Geschwindigkeit der Lichtwelle und Strahlengeschwindigkeit

Kehren wir nun zu Huygens zurück. „Ich ließ neben den sphärischen Wellen also auch rotationselliptische zu“, schrieb er, „und begann mit der Untersuchung, ob sie zur Erklärung des Effektes der nichtrichtigen Brechung dienen können, worin ich auch den erhofften Erfolg erreichte.“ Die Rede ist von der Verwendung des *Huygensschen Prinzips* (s. erstes Kapitel) unter Berücksichtigung von *zwei Typen* von Lichtwellen. Nehmen wir an, daß ein paralleles Lichtbündel der Breite d normal auf die Oberfläche MN eines Kristalls auftreffe (Abb. 8.4). Nehmen wir weiter an, daß

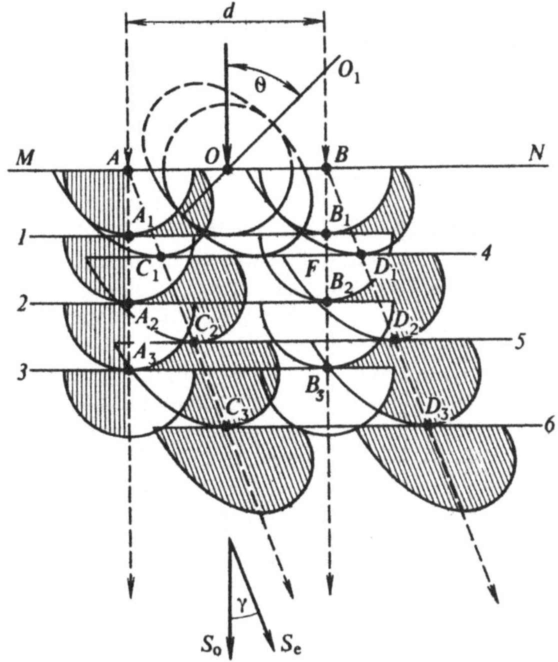

Abb. 8.4

dabei die optische Achse des Kristalls OO_1 mit der Richtung des einfallenden Lichtbündels den Winkel θ bilde. Sobald die ebene Front des einfallenden Lichtbündels die Kristalloberfläche erreicht, werden alle Punkte des Abschnitts $\overline{AB}$ gleichzeitig zu Quellen zweier Typen von sekundären Lichtwellen – kugelförmigen und elliptischen; die Wellenoberflächen der elliptischen

10–240

Wellen sind entsprechend gegenüber der brechenden Kante des Kristalls MN orientiert. Die Gerade *1* ist der Schnitt der Einhüllenden von Oberflächen der Kugelwellen nach einem bestimmten Zeitintervall Δt. Diese einhüllende Oberfläche ist eine ebene Front der ordentlichen Welle, die sich von der Grenze MN in das Innere des Kristalls ausbreitet. Die Linie *4* ist die Einhüllende der Oberflächen der elliptischen Wellen nach dem gleichen Zeitintervall Δt, seitdem die Front des einfallenden Lichtbündels die Grenze MN erreichte. Diese Einhüllende ist eine ebene Front der außerordentlichen Welle. Alle Punkte des Abschnitts $\overline{A_1 B_1}$ der Geraden *1* können ihrerseits als Quellen sekundärer Wellen, jedoch nur der Kugelwellen, betrachtet werden. Entsprechend sind alle Punkte des Abschnitts $\overline{C_1 D_1}$ Quellen sekundärer elliptischer Wellen. Nachfolgende Frontlagen der ordentlichen Welle sind in der Abbildung durch die Abschnitte $\overline{A_1 B_1}$, $\overline{A_2 B_2}$, $\overline{A_3 B_3}$ der Geraden *1, 2, 3* und die Frontlagen der außerordentlichen Welle durch die Abschnitte $\overline{C_1 D_1}$, $\overline{C_2 D_2}$, $\overline{C_3 D_3}$ der Geraden *4, 5, 6* dargestellt.

Betrachtet man die Abbildung, kann man zu einigen wichtigen Schlußfolgerungen gelangen. Erstens sehen wir, daß sich das Lichtbündel im Kristall wirklich in zwei Bündel aufteilt – das ordentliche und das außerordentliche. Das ordentliche breitet sich normal zur Grenze MN aus, das außerordentliche unter einem bestimmten Winkel dazu. Die Richtungen dieser Bündel sind in der Abbildung durch die Vektoren S_o und S_e gekennzeichnet. Die Vektoren bilden miteinander den Winkel γ. Es ist nicht schwer, zu verstehen, daß die Größe des Winkels γ davon abhängt, wie sehr die Ellipse der Wellenoberfläche der sekundären Wellen, die den außerordentlichen Strahl bilden (anders ausgedrückt: vom Verhältnis v_e/v_o), gestreckt ist, und auch von der Orientierung dieser Ellipse bezüglich der brechenden Oberfläche des Kristalls. Wir sehen zweitens: Sowohl bei der ordentlichen als auch bei der außerordentlichen Welle bleibt die Front die ganze Zeit parallel zur Grenze MN (die Abschnitte $\overline{A_1 B_1}$, $\overline{A_2 B_2}$, $\overline{A_3 B_3}$ und $\overline{C_1 D_1}$, $\overline{C_2 D_2}$, $\overline{C_3 D_3}$). Hieraus folgt auch, daß jeder Strahl, wenn er die Austrittskante des Kristalls erreicht (die wir parallel zur Eintrittskante annehmen), gleichzeitig sekundäre Wellen auf seiner ganzen Breite erregt. Berücksichtigt man dabei, daß die sekundären Wellen in der Luft erregt werden und sie daher für alle beide Bündel sphärisch sind, kann man leicht verstehen, warum sich beide Strahlen beim Austritt aus dem Kristall senkrecht zu seiner Oberfläche ausbreiten.

Drittens vergewissern wir uns, daß der Begriff „Ausbreitungsrichtung des Lichtes im Kristall" wirklich eine Konkretisierung benötigt. Wenn man über die Ausbreitungsgeschwindigkeit des Lichtes im Medium spricht, meint man gewöhnlich die Ausbreitungsgeschwindigkeit der Lichtwelle. Das ist die Geschwindigkeit der Verschiebung der Wellenfront. Der Vektor dieser Geschwindigkeit steht in jedem Punkt senkrecht auf der Oberfläche der Front. In dem in Abb. 8.4 gezeigten Fall sind die Ausbreitungsgeschwindigkeiten der ordentlichen und der außerordentlichen Welle gleichgerichtet – senkrecht zur Oberfläche des Kristalls MN. Die Beträge der Geschwindigkeiten sind unterschiedlich: der erste wird durch den Abschnitt $\overline{AA_1}$ bestimmt (das ist v_o), der zweite wird durch den Abschnitt $\overline{BF}$ bestimmt. Neben den Geschwindigkeiten der ordentlichen und der außerordentlichen Welle muß man im gegebenen Fall auch die sog. Strahlgeschwindigkeit betrachten, die die Ausbreitung der Lichtenergie charakterisiert. Die Richtungen dieser Geschwindigkeiten fallen mit den Richtungen der entsprechenden Lichtbündel zusammen (in der Abbildung die Vektoren S_o und S_e). Die Strahlgeschwindigkeit des außerordentlichen Lichtbündels wird durch den Abschnitt $\overline{BD_1}$ bestimmt. Was die Strahlgeschwindigkeit des ordentlichen Bündels betrifft, so fällt sie mit der Geschwindigkeit v_o der ordentlichen Welle zusammen. Spricht man also über die Ausbreitung des Lichtes im Medium, muß man allgemein zwischen der *Wellengeschwindigkeit* und der *Strahlgeschwindigkeit* unterscheiden. Die erste ist mit der Ausbreitung der Wellenfront durch den Kristall verbunden, d. h. mit der Ausbreitung von Oberflächen konstanter Phase (deshalb nennt man sie auch *Phasengeschwindigkeit*), und die zweite ist mit der Ausbreitung der Energie des Lichtfeldes durch den Kristall verbunden. In einem optisch isotropen Medium fallen diese Geschwindigkeiten zusammen (strenggenommen fallen sie immer in ihren Richtungen zusammen, dem Betrage nach können sie nicht zusammenfallen). In einem einachsigen Kristall fallen diese Geschwindigkeiten für den ordentlichen Strahl zusammen. Was das außerordentliche Bündel betrifft, so fallen sie nur bei der Ausbreitung des Lichtes entlang der optischen Achse oder senkrecht zu ihr zusammen. Jetzt müßten dem Leser auch die Warnungen verständlich sein, die früher im Zusammenhang mit Abb. 8.3 gemacht wurden. Der Abschnitt $\overline{OB}$ in dieser Abbildung ist die Strahlgeschwindigkeit des außerordentlichen Lichtbündels und nicht die Geschwindigkeit der außerordentlichen Welle. Nur bei $\theta = 0$ (180°) und 90° fällt die Strahlgeschwindigkeit des außerordentlichen Bündels mit der Geschwindigkeit der außerordentlichen Welle zusammen.

Mit Hilfe der Abb. 8.4 betrachteten wir den Fall, daß die Achse OO_1 zur brechenden Kante geneigt ist und das Lichtbündel normal auf diese Kante auftrifft. Jetzt nehmen wir an, das Bündel falle unter einem Winkel α ein und die Orientierung der optischen

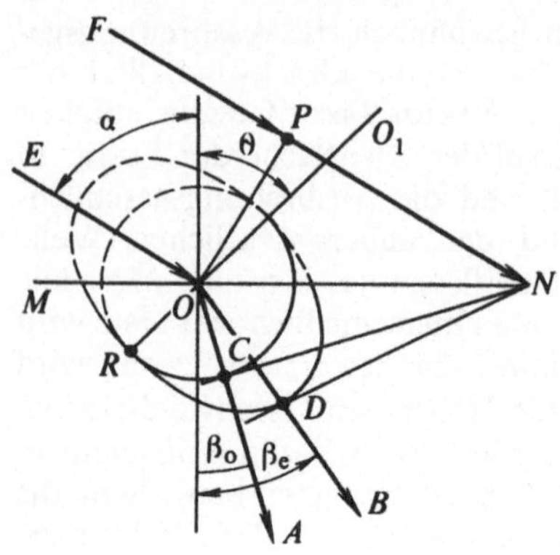

Abb. 8.5

Achse bezüglich der brechenden Kante bleibe nach wie vor erhalten. In Abb. 8.5 wird gezeigt, wie man in diesem Fall den ordentlichen und den außerordentlichen Strahl konstruieren muß. Die in dieser Abbildung ausgeführte Konstruktion ist der früher ausgeführten Konstruktion der Abb. 1.7 (im ersten Kapitel) analog. Der Unterschied besteht nur darin, daß jetzt im Punkt O außer der Kugelwelle noch eine elliptische sekundäre Welle erzeugt wird. Die Wellenoberfläche der elliptischen Welle ist in der entsprechenden Weise bezüglich der brechenden Oberfläche MN orientiert. In der Abbildung werden zwei parallele Strahlen gezeigt (EO und FN), die auf die Kristallgrenze MN einfallen. $\overline{OP}$ ist die ebene Front des einfallenden Lichtbündels. Die Lage des Zentrums N wird so gewählt, daß die Beziehung $PN/OR = c/v_0$ erfüllt wird (c Lichtgeschwindigkeit in Luft). Von N aus legen wir die Tangente NC an die kugelförmige Wellenoberfläche und die Tangente ND an die elliptische Oberfläche. Die Gerade NC ist die Front der ordentlichen Welle und ND die der außerordentlichen Welle. Der Strahl, der von O durch den Berührungspunkt C verläuft, ist der ordentliche Strahl; der Strahl, der von O durch den Berührungspunkt D verläuft, ist der außerordentliche Strahl.

Wir vergleichen die Abb. 8.4 und 8.5 mit Abb. 8.1 und überzeugen uns davon, daß die Huygenssche Idee von der Existenz zweier Wellentypen im Kristall (der kugelförmigen und der elliptischen) in Verbindung mit dem von ihm ausgearbeiteten Prinzip der Konstruktion der Wellenfronten als Einhüllender der Oberflächen der sekundären Wellen die von Bartholinus entdeckte Erscheinung der Doppelbrechung wirklich erklären kann.

In Abb. 8.6 werden zwei wichtige Sonderfälle betrachtet. In beiden Fällen fällt das Licht senkrecht auf die brechende Oberfläche. Die optische Achse des Kristalls ist in einem Fall senkrecht zur Kristalloberfläche MN (a) und im anderen Fall parallel zu ihr (b). Wenn

140

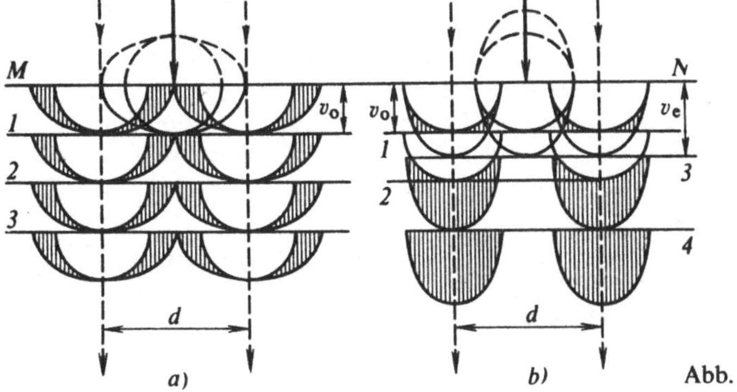

a)   b)   Abb. 8.6

die optische Achse senkrecht zur Oberfläche MN verläuft, breitet sich das Licht entlang der Achse aus. Beide Wellen, die ordentliche und die außerordentliche, besitzen ein und dieselbe Geschwindigkeit v_o. Wenn die optische Achse parallel zur Oberfläche MN verläuft, breitet sich das Licht senkrecht zu dieser Achse aus. Man kann leicht erkennen, daß sich in diesem Falle das Lichtbündel im Kristall nicht auffächert, jedoch sind die Geschwindigkeiten der ordentlichen und der außerordentlichen Welle verschieden (v_o und v_e entsprechend).

Bei geeignetem Auftreffen des Lichtbündels auf die brechende Kante des Kristalls wird die Doppelbrechung sogar in den Fällen beobachtet, wenn die optische Achse senkrecht zu dieser Kante oder parallel zu ihr verläuft (Abb. 8.7).

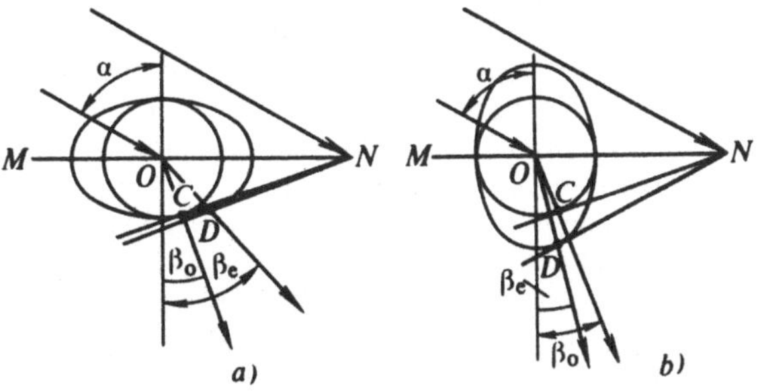

a)   b)   Abb. 8.7

Richten wir unsere Aufmerksamkeit darauf, daß in allen drei Abbildungen (Abbn. 8.5, 8.7a, 8.7b) der Brechungswinkel des ordentlichen Strahls β_o ein und derselbe ist, wenn in allen drei Fällen der Einfallswinkel α gleich ist. Es ist vollkommen natürlich,

daß die Orientierung der optischen Achse keinen Einfluß auf den
ordentlichen Strahl ausübt (ist doch der Kristall für den
ordentlichen Strahl ein optisch isotropes Medium). Mit anderen
Worten, im Unterschied zum außerordentlichen Strahl unterliegt
der ordentliche Strahl dem Brechungsgesetz: für ihn ist das
Verhältnis des Sinus des Einfallswinkels zum Sinus des Brechungswinkels konstant.

8.5. Die Versuche von Huygens mit zwei Kristallen (an der Schwelle der Entdeckung der Lichtpolarisation)

Ungeachtet der offensichtlichen Erfolge bei der Erklärung der
Doppelbrechung erachtete es Huygens für notwendig, zusätzliche
Experimente durchzuführen. *Im Ergebnis dessen stand er an der
Schwelle einer weiteren Entdeckung.* „Ich erzähle von einer
weiteren erstaunlichen Erscheinung, die ich bemerkte, als ich alles,
was weiter oben steht, bereits aufgeschrieben hatte“, schreibt Huygens in seinem „Traktat über das Licht“. „Obwohl ich bisher
noch nicht ihre Ursachen gefunden habe, möchte ich auf sie
verweisen, um anderen die Möglichkeit zu geben, diese Ursachen
zu suchen. Offensichtlich müssen noch andere Voraussetzun-
gen angenommen werden als die, die ich oben gemacht habe.“
Huygens warf eine sehr interessante Frage auf. Was passiert, wenn
man die zwei Lichtbündel, die man als Resultat der Doppelbrechung im isländischen Kalkspatkristall erhält, durch einen zweiten
ebensolchen Krisiall schickt? Zunächst dachte Huygens etwa so:
Beim Auftreffen eines Lichtbündels auf einen Kristall werden im
letzteren sekundäre kugelförmige und elliptische Wellen erregt, die
durch die regelmäßige und die unregelmäßige Brechung bedingt
sind. Als Ergebnis treten aus dem Kristall anstelle eines zwei
Lichtbündel heraus. Fallen diese Lichtbündel auf einen zweiten
Kristall, erregt jeder von ihnen sekundäre kugelförmige und
elliptische Wellen. Deshalb müßten aus dem zweiten Kristall
bereits vier Bündel austreten. Man müßte also ein in Abb. 8.8a
dargestelltes Bild beobachten. (Der Einfachheit halber betrachten
wir den senkrechten Lichteinfall; dabei wird sofort ersichtlich,
welcher der Strahlen im Kristall der ordentliche und welcher der
außerordentliche Strahl ist.) Das von Huygens durchgeführte
Experiment mit zwei Kristallen des isländischen Kalkspats zeigte,
daß man wirklich ein solches in Abb. 8.8a dargestelltes Bild
beobachtet. Aber nicht immer!
Huygens bemerkte, daß man, wenn die Hauptschnitte beider
Kristalle parallel zueinander sind, das in Abb. 8.8b dargestellte
Bild beobachtet. Das war erstaunlich. „Es ist sehr komisch“,

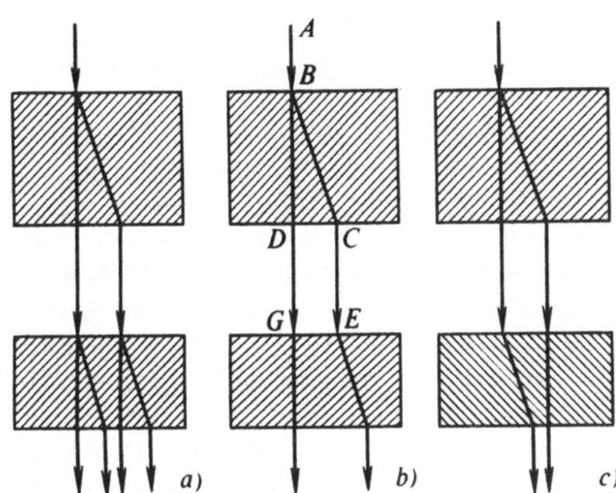

Abb. 8.8

schrieb Huygens, „daß sich die Strahlen *CE* und *DG* nicht ähnlich dem ersten Strahl *AB* teilen, wenn sie aus der Luft auf den unteren Kristall auftreffen. Man könnte sagen, daß der Strahl *DG* beim Durchgang durch den oberen Kristall die Eigenschaft verliert, die notwendig ist, um die Materie in Bewegung zu setzen, die der unregelmäßigen Brechung dient, und der Strahl *CE* verlor die Eigenschaft, die notwendig ist, um die Materie in Bewegung zu setzen, die der regelmäßigen Brechung dient. Es existiert aber noch ein Umstand, der diese Überlegung widerlegt."

Der neue Umstand ist mit den Resultaten der Experimente verbunden, bei denen die Hauptschnitte der Kristalle zueinander senkrecht stehen. Das dabei zu beobachtende Brechungsbild ist in Abb. 8.8c dargestellt. „Wenn man beide Kristalle so postiert, daß sich die Ebenen, die die Hauptschnitte bilden, im rechten Winkel schneiden", schrieb Huygens, „so erleidet der Strahl, der aus der regelmäßigen Brechung entstand, nur eine unregelmäßige Brechung im unteren Kristall und umgekehrt, der durch unregelmäßige Brechung erzeugte Strahl erleidet nur eine regelmäßige Brechung." Huygens verdrehte den unteren Kristall im Verhältnis zum oberen und bemerkte, daß auch in den Fällen, wenn beide aus dem ersten Kristall austretenden Strahlen im zweiten aufgespalten werden, längst nicht alles klar ist. Es zeigte sich, daß sich in Abhängigkeit vom Drehwinkel des unteren Kristalls das Intensitätsverhältnis der in diesem Kristall entstehenden ordentlichen und außerordentlichen Strahlen verändert.

Beim Überdenken der Resultate des Experiments gelangte Huygens zu einer sehr wichtigen Schlußfolgerung. Wenn das Brechungsbild von der gegenseitigen Orientierung der Kristalle abhängt, so „muß man offensichtlich schließen, daß die Lichtwellen dadurch, daß sie den ersten Kristall durchliefen, eine bestimmte Form oder

Anordnung annehmen, dank der sie beim Auftreffen auf die Materie des zweiten Kristalls bei einer bestimmten Lage beide verschiedenen Materien in Bewegung setzen können, die beiden Brechungsarten dienen. Treffen sie auf diesen zweiten Kristall in einer anderen Lage auf, können sie nur eine der beiden Materien in Bewegung versetzen." Heute lassen wir die Überlegungen Huygens über „in Bewegung versetzte verschiedene Materien" als wissenschaftlich ohne Bedeutung fallen. Wir heben jedoch seine prophetischen Worte darüber hervor, daß infolge des Durchgangs durch den Kristall die Lichtwellen „eine bestimmte Form oder Anordnung annehmen". In diesen Worten ist die Vorhersage der *Polarisation des Lichtes* enthalten.

Somit stand Christiaan Huygens an der Schwelle der Entdeckung der Lichtpolarisation. Diese Schwelle hat er aber nicht überschritten. Das erklärt sich daraus, daß Huygens ein Anhänger der Wellentheorie des Lichtes war und in Analogie zu den Schallwellen annahm, daß Lichtwellen ebenfalls Longitudinalwellen sind. Der Zustand der Polarisation ist aber, wie bekannt, den Transversalwellen eigen. Deshalb mußte Huygens, der sich durch eine außerordentliche wissenschaftliche Gewissenhaftigkeit auszeichnete, die oben zitierte Phrase mit den Worten beenden: „Aber dafür, um zu erklären, in welcher Weise das abläuft, habe ich bis jetzt noch nichts mich Zufriedenstellendes gefunden."

8.6. Die Erklärung der Ergebnisse
der Huygensschen Experimente durch Newton

Die weiter oben angeführte Schwelle überschritt faktisch Isaac Newton. Newton analysierte die Versuche von Huygens zur Doppelbrechung in zwei Kristallen und gelangte zu der entscheidenden Schlußfolgerung: Wenn ein gewöhnlicher Lichtstrahl Achsensymmetrie besitzt, so *besitzen* die durch den Kristall gegangenen Strahlen diese Symmetrie schon *nicht mehr*. In den Newtonschen „Opticks" heißt es, daß „man den Strahl als vier Seiten oder Viertel besitzend betrachten kann" und daß bei Drehung des Strahls um seine eigene Achse diese Seiten ihre Lage bezüglich des Kristalls verändern. Newton weist direkt darauf hin: „Ein und derselbe Strahl wird einmal ordentlich gebrochen und einmal außerordentlich – entsprechend der Lage seiner Seiten bezüglich des Kristalls." Wie kann man das Fehlen der Achsensymmetrie bei einem Lichtkristall verstehen? Auf diese Frage antwortete Newton, nicht von der Wellenkonzeption, sondern von der *Teilchenkonzeption* ausgehend. Er nahm an, daß gerade die Lichtteilchen „verschiedene Seiten" besitzen können.

8.7. Forschungen von Malus und Brewster

Die von Newton geäußerte Idee der Lichtpolarisation blieb ungefähr 100 Jahre unbeachtet. 1808 schrieb die Pariser Akademie der Wissenschaften einen Wettbewerb für die beste mathematische Theorie der Doppelbrechung aus. Prämiert wurde die Arbeit des französischen Ingenieurs Etienne Malus (1775–1812) mit dem Titel „Die Theorie der Doppelbrechung der Lichtstrahlen in kristallinen Stoffen".

Malus interessierte sich für die Doppelbrechung des Lichtes, nachdem er einmal die Reflexion der Sonne in den Fenstern des Luxemburgpalastes durch einen Kristall des isländischen Kalkspats betrachtet hatte. Er bemerkte, daß anstelle von zwei Abbildungen der Sonne nur eine zu sehen war. Das erinnerte an die Resultate der bekannten Versuche von Huygens mit zwei Kalkspatkristallen. Malus führte spezielle Experimente durch und stellte fest, daß das von einer Wasseroberfläche unter einem Winkel von 53° reflektierte Sonnenlicht die gleiche Eigenschaft besitzt wie das Licht, das durch den isländischen Kalkspat verlief; dabei ist die Wasseroberfläche der Ebene des Hauptschnitts des Kristalls analog. Für die Erklärung seiner Entdeckung und der Erscheinung der Doppelbrechung im Kristall verwendete Malus die Newtonsche Teilchenkonzeption. Er nahm an, daß im Sonnenlicht die Lichtteilchen ungeordnet orientiert seien und sich beim Durchgang durch den Kristall oder bei der entsprechenden Reflexion in bestimmter Weise orientieren. Den Lichtstrahl, dessen Teilchen eine bestimmte Orientierung besaßen, nannte Malus *polarisiert*. Seit dieser Zeit ging der Begriff „Polarisation des Lichtes" fest in die Optik ein.

Die Untersuchungen von Malus setzte der englische Wissenschaftler David Brewster (1781–1868) fort. Er stellte das Gesetz auf, das man heute das Brewstersche Gesetz nennt: Wenn der Einfallswinkel des Strahls derart ist, daß der reflektierte und der gebrochene Strahl zueinander senkrecht stehen, so ist in diesem Fall der reflektierte Strahl vollständig polarisiert, und der gebrochene Strahl besitzt eine maximale Polarisation, wobei die Polarisationen der genannten Strahlen zueinander entgegengesetzt sind. Dieser Einfallswinkel des Strahls wird Brewsterscher Winkel genannt.

8.8. Polarisation des Lichtes

Heute findet die Polarisation des Lichtes sowohl in der Teilchentheorie (Quantentheorie) als auch in der Wellentheorie ihre Erklärung. Es ist bekannt, daß elektromagnetische Wellen – und dabei auch die Lichtwellen – *Transversal*wellen sind. Deshalb scheint die Vorstellung über die Polarisation dieser Wellen ganz naturlich zu sein.

Erinnern wir daran: Lichtwellen sind *elektromagnetische Wellen*, deren Wellenlängen in den optisch sichtbaren Bereich fallen. In einer elektromagnetischen Welle führen der Vektor der elektrischen Spannung **E** (elektrischer Vektor) und der Vektor der magnetischen Induktion **B** (magnetischer Vektor) Schwingungen aus. Sie stehen zueinander senkrecht, beide stehen senkrecht zur Richtung der Strahlengeschwindigkeit. In der modernen Optik wird die Polarisation des Lichtes mit der Richtung des elektrischen Vektors **E** verbunden. Führt dieser Vektor Schwingungen in einer bestimmten Ebene aus, so spricht man von *linear polarisiertem* Licht; die genannte Ebene bezeichnet man als *Polarisationsebene*. In Abb. 8.9 werden die Polarisationsebenen für zwei Fälle, die dieser Polarisation entsprechen, dargestellt. Diese Ebenen stehen zueinander senkrecht. Außer der Polarisation

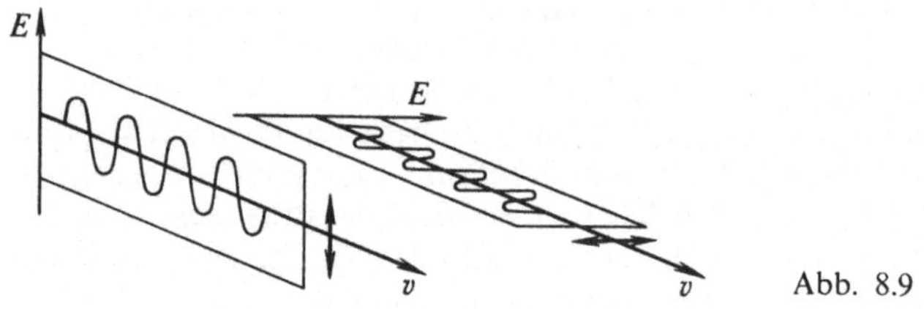

Abb. 8.9

in einer Ebene existieren noch kompliziertere Arten der Polarisation des Lichtes. Jetzt besteht jedoch keine Notwendigkeit, näher auf sie einzugehen; wir bemerken nur, daß die Polarisation immer eine *Ordnung* der Richtungen des Vektors **E** (und entsprechend des Vektors **B**) voraussetzt. Ist diese Ordnung nicht vorhanden, sprechen wir von nichtpolarisiertem Licht.

Mit der Berücksichtigung der Polarisation des Lichtes ist das Bild der Doppelbrechung im Kristall abgerundet. Ein nichtpolarisiertes Lichtbündel trifft auf den Kristall und wandelt sich in zwei linear polarisierte Bündel um, das ordentliche und das außerordentliche. *Das ordentliche Bündel ist senkrecht zur Ebene des Hauptschnitts des Kristalls und das außerordentliche Bündel in der Ebene des Hauptschnitts polarisiert.* Derart verlassen diese Strahlen den Kristall. Somit treten aus dem Kristall zwei linear polarisierte Lichtbündel aus, deren Polarisationsebenen zueinander senkrecht stehen. Benutzt man den Huygensschen Ausdruck, kann man sagen, daß diese Bündel beim Durchgang durch den Kristall „eine bestimmte Form oder Anordnung annehmen". Wenden wir die Phraseologie Newtons an, sagen wir, daß diese Bündel durch un-

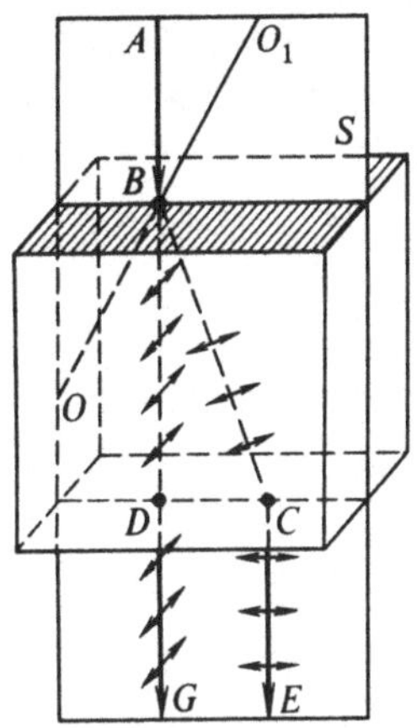

Abb. 8.10

terschiedliche „Lagen der Seiten" bezüglich des Hauptschnitts des Kristalls charakterisiert sind. Das Gesagte wird durch Abb. 8.10 verdeutlicht, in der OO_1 die optische Achse des Kristalls, S die Ebene des Hauptschnitts, AB das einfallende Lichtbündel, DB das ordentliche Bündel, BC das außerordentliche Bündel, DG und CE die linear polarisierten, aus dem Kristall austretenden Bündel sind. Die Richtung der Polarisation der Bündel wird mit Hilfe entsprechend orientierter kurzer Pfeile gezeigt.

Jetzt kann man sehr leicht die Ergebnisse der Versuche von Huygens mit den zwei Kristallen erklären. In dem in Abb. 8.8b dargestellten Fall liegt der Hauptschnitt des zweiten Kristalls parallel zum Hauptschnitt des ersten. Deshalb ist der Strahl, der im ersten Kristall eine ordentliche Brechung erleidet, beim Einfallen in den zweiten Kristall nach wie vor senkrecht zur Ebene des Hauptschnitts polarisiert. Es ist klar, daß dieser Strahl im zweiten Kristall ein ordentlicher Strahl ist. Das gleiche kann man über den außerordentlichen Strahl sagen. Er ist in der Ebene des Hauptschnitts des ersten Kristalls polarisiert und genauso bezüglich der Ebene des Hauptschnitts des zweiten Kristalls.

In dem in Abb. 8.8c dargestellten Fall ist der Hauptschnitt des zweiten Kristalls senkrecht zur Ebene des Hauptschnitts des ersten Kristalls. Deshalb ist der Strahl, der senkrecht zur Ebene des Hauptschnitts des ersten Kristalls polarisiert ist, im zweiten Kristall in der Ebene des Hauptschnitts polarisiert und umgekehrt. Das bedeutet, daß der Strahl, der im ersten Kristall der ordentliche war, beim Einfallen in den zweiten Kristall der außerordentliche wird, und der außerordentliche Strahl aus dem ersten Kristall wird im zweiten Kristall der ordentliche Strahl.

Betrachten wir den allgemeinen Fall, daß die Ebenen der Hauptschnitte der Kristalle miteinander den Winkel φ bilden. Wir schauen entlang des einfallenden Lichtbündels; dabei stellen sich uns die Ebenen der Hauptschnitte als Geraden dar. In Abb. 8.11 ist der Hauptschnitt des ersten

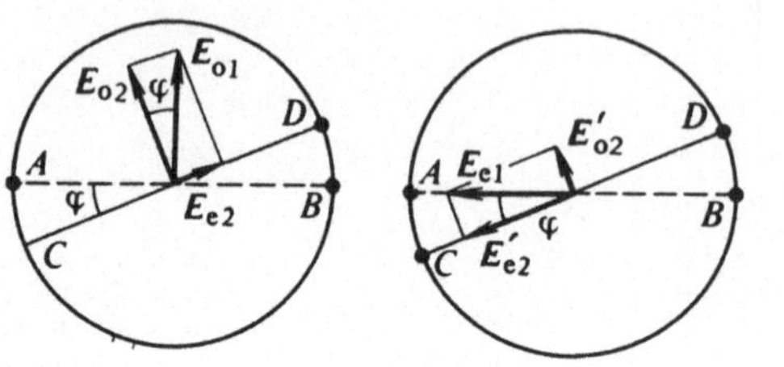

Abb. 8.11

Kristalls durch die Gerade AB dargestellt und der des zweiten Kristalls durch die Gerade CD. Die elektrischen Vektoren $\mathbf{E}_{o1}$ und $\mathbf{E}_{e1}$ gehören entsprechend zu dem aus dem ersten Kristall heraustretenden ordentlichen und außerordentlichen Strahl. Richten wir unsere Aufmerksamkeit darauf, daß der Vektor $\mathbf{E}_{o1}$ senkrecht auf der Geraden AB steht und der Vektor $\mathbf{E}_{e1}$ parallel zu ihr. Treten beide Strahlen in den zweiten Kristall ein, wird jeder von ihnen, allgemein gesagt, erneut in einen ordentlichen und einen außerordentlichen Strahl zerlegt. Um die elektrischen Vektoren der neuen Strahlen zu finden, muß man die Vektoren $\mathbf{E}_{o1}$ und $\mathbf{E}_{e1}$ in die Richtung der Geraden CD und in die senkrecht zu ihr verlaufende Richtung zerlegen (s. Abbildung). Wir bezeichnen mit $\mathbf{E}_{o2}$ und $\mathbf{E}_{e2}$ die elektrischen Vektoren des ordentlichen und des außerordentlichen Strahls, in die der Strahl mit $\mathbf{E}_{o1}$ im zweiten Kristall zerfällt, und mit $\mathbf{E}'_{o2}$ und $\mathbf{E}'_{e2}$ die gleichen Vektoren, nur für den Strahl mit $\mathbf{E}_{e1}$. Wie aus der Abbildung ersichtlich ist, gilt

$$\left.\begin{aligned} E_{o2} &= E_{o1} \cos \varphi, \quad E_{e2} = E_{o1} \sin \varphi; \\ E'_{o2} &= E_{e1} \sin \varphi, \quad E'_{e2} = E_{e1} \cos \varphi. \end{aligned}\right\} \tag{8.1}$$

In Abhängigkeit von der Größe des Winkels φ verändert sich das Verhältnis der elektrischen Vektoren der Strahlen, die aus dem zweiten Kristall heraustreten; folglich wird sich auch das Verhältnis zwischen den Intensitäten dieser Strahlen verändern. Damit erhält die von Huygens beobachtete *Veränderung der Intensitäten der Strahlen* bei Drehung eines Kristalls bezüglich des anderen ihre Erklärung. Aus Gl. (8.1) wird ersichtlich, daß sich bei $\varphi \to 0$ und $\varphi \to 90°$ die elektrischen Vektoren (und folglich auch die Intensitäten) so verändern, daß anstelle von vier Strahlen am Ausgang des zweiten Kristalls nur zwei verbleiben. Bei $\varphi = 0$ nimmt Gl. (8.1) die Form

$$E_{o2} = E_{o1}, \quad E_{e2} = 0; \quad E'_{o2} = 0, \quad E'_{e2} = E_{e1} \tag{8.2}$$

an und bei $\varphi = 90°$ die Form

$$E_{o2} = 0, \quad E_{e2} = E_{o1}; \quad E'_{o2} = E_{e1}, \quad E'_{e2} = 0. \tag{8.3}$$

Diese beiden Fälle wurden oben ausführlich behandelt.

148

8.9. Dichroistische Platten und Polarisationsprismen

Die Doppelbrechung des Lichtes in Kristallen findet in der Praxis breite Verwendung bei der *Erzeugung polarisierter Lichtbündel*. Es gibt mehrere Typen von Polarisatoren, von denen wir zwei betrachten wollen: Polarisationsfilter (*dichroistische Platten*) und *Polarisationsprismen*.

Polarisationsfilter werden aus doppeltbrechenden kristallinen Materialien hergestellt, in denen der eine Strahl, z. B. der ordentliche Strahl, stärker absorbiert wird als der andere. Die Abhängigkeit der Lichtabsorption von seiner Polarisation nennt man *Dichroismus*; daher stammt die Bezeichnung dieser Platte. Als Beispiel einer dichroistischer Platte kann eine Platte aus *Turmalin* dienen. Bei einer Plattendicke von 1 mm wird der ordentliche Strahl vollständig absorbiert. Richten wir auf die Platte ein nichtpolarisiertes Lichtbündel, so erhalten wir am Ausgang der Platte ein linear polarisiertes Bündel; seine Polarisationsebene fällt mit dem Hauptschnitt der Platte zusammen.

Als ein Beispiel für ein Polarisationsprisma betrachten wir ein *Nicolsches Prisma*. Ein solches Prisma schlug 1820 der englische Physiker William Nicol vor. Es wird so aus dem Kristall des isländischen Kalkspats herausgeschnitten, wie es in Abb. 8.12

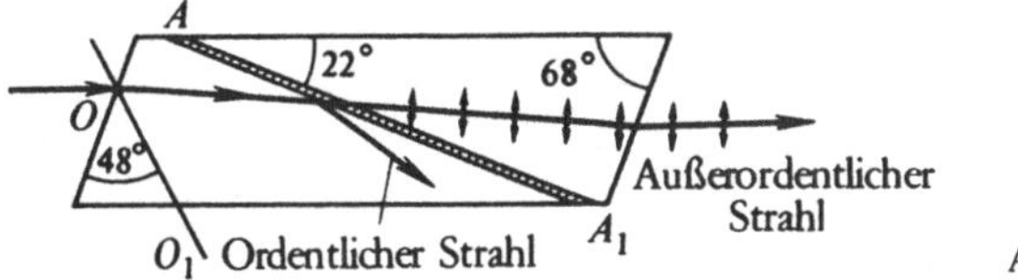

Abb. 8.12

gezeigt ist (OO_1 optische Achse des Kristalls). Entlang der Linie AA_1 wird der Kristall zerschnitten, die beiden Teile werden an den Schnittflächen mit Kanadabalsam zusammengekittet. Die Geometrie des Prismas und das Klebstoff sind hier so gewählt, daß der außerordentliche Strahl durch das Prisma verläuft und der ordentliche Strahl eine innere Totalreflexion an der Grenze Kristall–Kanadabalsam erfährt.

Es existieren recht viele verschiedene Typen von Polarisationsprismen. Als ein weiteres Beispiel führen wir das *Prisma nach Glan und Foucault* an (Abb. 8.13). Es besteht aus zwei Prismen aus isländischem Kalkspat, die voneinander durch einen Luftspalt getrennt sind. Die optischen Achsen beider Prismen stehen senkrecht zum einfallenden Lichtstrahl und zur Zeichenebene; $\varphi = 38°30'$. Der außerordentliche Strahl verläuft

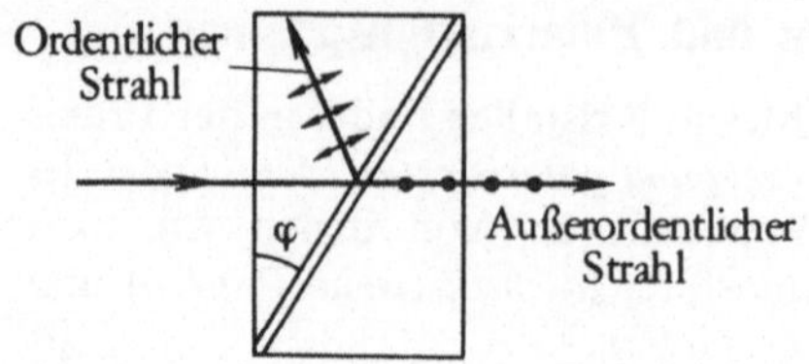

Abb. 8.13

durch das Prisma, und der ordentliche Strahl wird an der Grenze zwischen Kristall und Luftspalt reflektiert.

8.10. Drehung der Polarisationsebene in einer Halbwellenplatte

Mit Hilfe der Doppelbrechung kann man nicht nur linear polarisiertes Licht erhalten, sondern auch die *Polarisation des Lichtes lenken.* Betrachten wir das einfachste Beispiel der Lenkung der Polarisation – die Drehung der Polarisationsebene eines linear polarisierten Lichtbündels um einen bestimmten Winkel α.
Nehmen wir an, das ursprüngliche Lichtbündel falle senkrecht auf eine kristalline Platte, deren optische Achse senkrecht zum Lichtbündel verläuft. In Abb. 8.14 wird der Schnitt einer solchen Platte

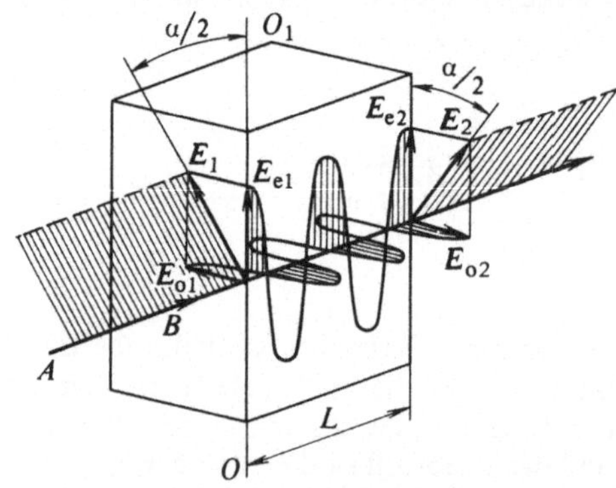

Abb. 8.14

durch die Ebene des Hauptschnitts dargestellt; OO_1 ist die optische Achse, AB das einfallende Lichtbündel. Die Platte muß so orientiert sein, daß die optische Achse OO_1 mit dem elektrischen Vektor $\mathbf{E}_1$ des einfallenden Lichtbündels den Winkel $\alpha/2$ bildet. Wir zerlegen den Vektor $\mathbf{E}_1$ in die Komponenten $\mathbf{E}_{o1}$ und $\mathbf{E}_{e1}$, die dem ordentlichen und dem außerordentlichen Strahl entsprechen. In diesem Fall fallen beide Strahlen zusammen, aber die Geschwindigkeiten des ordentlichen und des außerordentlichen Strahls sind verschieden: v_o für den ordentlichen, v_e für den

150

außerordentlichen. (Im Zusammenhang damit erinnern wir den Leser an Abb. 8.6b). Entsprechend sind auch die Wellenlängen für den ordentlichen und den außerordentlichen Strahl verschieden. Die Wellenlänge λ ist gleich dem Abstand, um den sich die Wellenfront in der Zeit ihrer Periode $T = 1/\nu$ (ν Frequenz der Strahlung) verschiebt. Somit können wir für die ordentliche und die außerordentliche Welle innerhalb der Platte schreiben:

$$\lambda_o = \frac{v_o}{\nu}, \qquad \lambda_e = \frac{v_e}{\nu}. \tag{8.4}$$

Des weiteren nehmen wir an, daß die Dicke der Platte L so ausgewählt wurde, daß die Anzahl der ordentlichen Wellenlängen L/λ_o, in die man sie unterteilen kann, einhalbmal größer ist als die Anzahl der außerordentlichen Wellenlängen L/λ_e:

$$\frac{L}{\lambda_o} - \frac{L}{\lambda_e} = \frac{1}{2}. \tag{8.5}$$

Wie aus Abb. 8.14 ersichtlich, ist in diesem Fall die gegenseitige Orientierung der Vektoren $\mathbf{E}_{o2}$ und $\mathbf{E}_{e2}$ am Ausgang der Platte so, daß der Vektor $\mathbf{E}_2 = \mathbf{E}_{o2} + \mathbf{E}_{e2}$ bezüglich der optischen Achse um den Winkel $\alpha/2$ gedreht erscheint, aber in die andere Richtung als der Vektor $\mathbf{E}_1$. Schließlich erscheint der Vektor $\mathbf{E}_2$ bezüglich des Vektors $\mathbf{E}_1$ um den geforderten Winkel α gedreht.
Die betrachtete Platte heißt Halbwellenplatte, da in ihr eine Verschiebung der ordentlichen und der außerordentlichen Welle zueinander um die halbe Wellenlänge erfolgt; die genannten Wellen verschieben sich zueinander in der Phase um die Größe π. Setzt man Gl. (8.4) in Gl. (8.5) ein, so erhält man für die Dicke der Halbwellenplatte

$$L = \left[2\nu \left(\frac{1}{v_o} - \frac{1}{v_e} \right) \right]^{-1}. \tag{8.6}$$

Es gelte $\nu = 4{,}5 \cdot 10^{14}$ Hz (roter Strahl). Für den isländischen Kalkspat erhalten wir bei dieser Frequenz $v_o = 1{,}81 \cdot 10^8$ m/s, $v_e = 2{,}02 \cdot 10^8$ m/s. Setzen wir diese Zahlen in Gl. (8.6) ein, ist $L = 2 \cdot 10^{-6}$ m.
Dieses Resultat entspricht der minimalen Dicke einer Halbwellenplatte aus isländischem Kalkspat. Die Dicke einer realen Halbwellenplatte kann um das $(2N + 1)$fache größer als L sein, wobei N eine ganze Zahl ist.
Betrachten wir eine Halbwellenplatte aus Quarz. Im Unterschied

zum isländischen Kalkspat gehört Quarz nicht zu den negativen, sondern zu den positiven einachsigen Kristallen. Beim Quarz gilt $v_e < v_o$, deshalb muß die Formel (8.6) durch die Formel

$$L = \left[2\nu \left(\frac{1}{v_e} - \frac{1}{v_o} \right) \right]^{-1} \tag{8.7}$$

ersetzt werden. Für Quarz erhalten wir bei $\nu = 4{,}5 \cdot 10^{14}$ Hz $v_o = 1{,}945 \cdot 10^8$ m/s und $v_e = 1{,}934 \cdot 10^8$ m/s. Setzen wir diese Zahlen in Gl. (8.7) ein, so ist $L = 37 \cdot 10^{-6}$ m.

9. Was ist Faseroptik?

Dieses Kapitel ist einer der neuesten Richtungen der Optik gewidmet, die sich in der zweiten Hälfte der 50er Jahre unseres Jahrhunderts herausbildete. Diese Richtung erhielt die Bezeichnung „Faseroptik". Ihre intensive Entwicklung in unseren Tagen ist in bedeutendem Maße mit der Entwicklung optischer Informationslinien, optoelektronischer Systeme der Datenverarbeitung, der medizinischen Geräte usw. verbunden.
Wir sind daran gewöhnt, daß sich das Licht geradlinig ausbreitet. Wir wissen allerdings, daß ein Lichtstrahl in einem Medium mit sich stetig verändernder Brechzahl, z. B. in der Erdatmosphäre, gebeugt wird (s. zweites Kapitel). Trotzdem ist der Lichtstrahl für uns eine gerade Linie oder, im allgemeinen Fall, eine geknickte Linie, die aus Geradenabschnitten besteht. Aber kann man einen Lichtstrahl um den Arm wickeln wie beispielsweise eine Schnur oder einen Bindfaden? Eine solche Frage mag sonderbar erscheinen. Man kann das aber wirklich machen, wenn man den Lichtstrahl in eine durchsichtige, flexible *optische Faser* „einsperrt".

9.1. Ein leuchtender Wasserstrahl

Eine Vorstellung von der Ausbreitung des Lichtes in einer gebogenen Faser kann man erhalten, wenn man folgenden Versuch durchführt. Das Prinzip dieses Versuchs ist in Abb. 9.1 dargestellt. Im unteren Teil eines mit Wasser gefüllten Gefäßes ist eine Öffnung, durch die ununterbrochen ein Wasserstrahl herausfließt. Gegenüber dieser Öffnung ist eine Lichtquelle angebracht; die Lichtstrahlen werden genau auf diese Öffnung fokussiert. Das Licht gelangt in das Innere des Wasserstrahls und läuft in ihm ent-

152

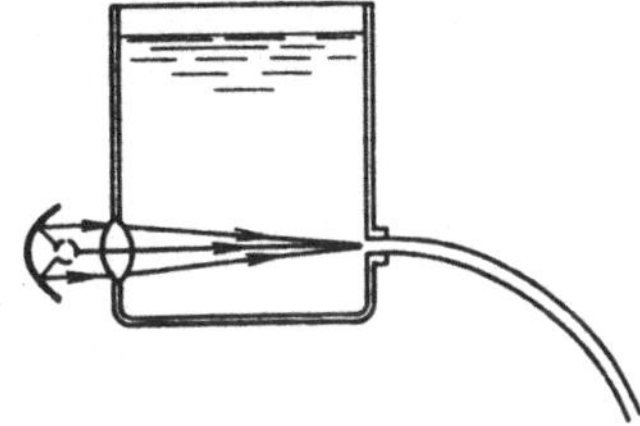

Abb. 9.1

lang. Es entsteht der Eindruck, als ob das Wasser das Licht mit sich zieht; der Wasserstrahl leuchtet aus dem Inneren heraus.

Wir alle haben schon oft in abendlicher Stunde das großartige Schauspiel eines von unten angestrahlten Springbrunnens bewundert. Bei einer entsprechenden Anordnung des Lichtes leuchten die Wasserstrahlen eines solchen Springbrunnens von innen heraus – wie in dem oben beschriebenen Versuch.

Der leuchtende Wasserstrahl ist ein Modell einer optischen Faser. In beiden Fällen treffen wir auf die *innere Totalreflexion* des Lichtes. Diese Erscheinung zwingt das Licht, in dieser Faser entlangzulaufen, gehorsam folgt es allen Biegungen.

9.2. Lichtstrahlen in gestreckten und gekrümmten zylindrischen Fasern

Betrachten wir einige nicht schwierige Aufgaben, die davon eine Vorstellung vermitteln, wie sich das Licht in optischen Fasern ausbreitet. Dabei werden wir der Einfachheit halber nur die Strahlen betrachten, die in der Ebene liegen, die durch die Faserachse verläuft. Man nennt sie Meridialstrahlen. Der Strahlengang in der Faser hängt vom Einfallswinkel ab, unter dem der Strahl auf die Stirnseite der Faser auftrifft. Die auf die Stirnseite unter einem zu großen Winkel einfallenden Strahlen können sich nicht im Inneren der Faser halten; sie treten aus den seitlichen Oberflächen aus.

Wir lösen nun die folgende Aufgabe. *Gesucht wird der maximal zulässige Einfallswinkel* α *des Strahls auf die Stirnseite einer gestreckten Faser mit der Brechzahl* n.

In Abb. 9.2 sind die Ansicht der Stirnseite der Faser und der Strahlengang im Inneren der Faser dargestellt. Damit das Licht in der Faser bleibt, darf der Winkel θ den Grenzwinkel der inneren Totalreflexion nicht über-

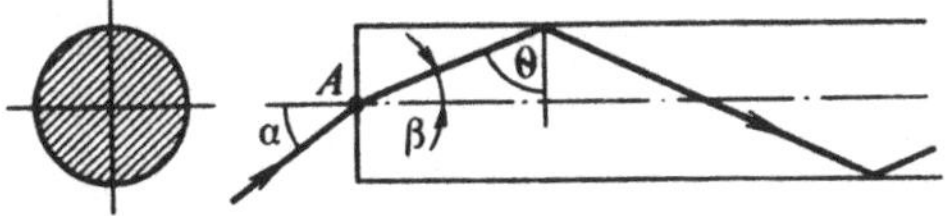

Abb. 9.2

153

schreiten. Da in der Aufgabe eine Grenzsituation betrachtet wird, setzen wir den Winkel θ dem genannten Winkel gleich, d. h., wir setzen (s. erstes Kapitel)

$$\sin \theta = \frac{1}{n}. \tag{9.1}$$

Das Brechungsgesetz im Punkt A schreiben wir in der Form $\sin \alpha / \sin \beta = n$ oder (da $\beta = 90° - \theta$)

$$\frac{\sin \alpha}{\cos \theta} = n. \tag{9.2}$$

Unter Benutzung von Gl. (9.1) schreiben wir Gl. (9.2) um:

$$\frac{\sin \alpha}{\sqrt{1 - \left(\frac{1}{n}\right)^2}} = n.$$

Hieraus folgt, daß

$$\alpha = \arcsin \sqrt{n^2 - 1}. \tag{9.3}$$

Wenn z. B. $n = 1{,}3$, dann beträgt $\alpha = 56°$.
Eine gestreckte Faser ruft offensichtlich kein besonderes Interesse hervor. Interessant ist eine *gebogene* Faser. Natürlich entsteht die Frage, wie empfindlich ein Lichtleiter gegenüber Krümmungen ist. Wir lösen in Verbindung damit die nächste Aufgabe. *Gegeben sind der Durchmesser D und die Brechzahl n der Faser, die als Teil eines Kreises gekrümmt ist. Der*

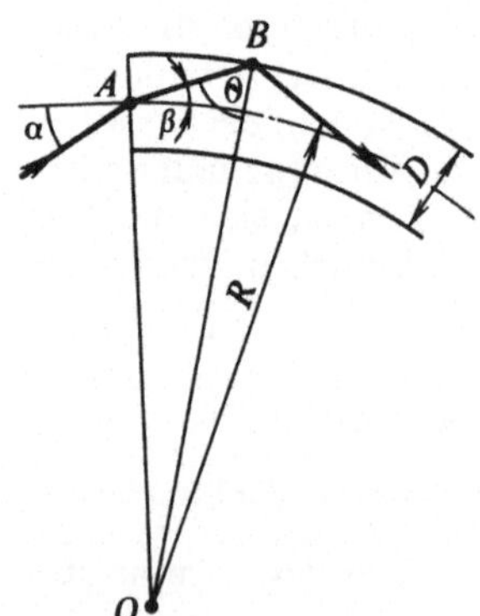

Abb. 9.3

Lichtstrahl tritt in die Stirnseite der Faser unter dem Winkel α ein. Gesucht wird der minimal zulässige (von den Bedingungen der inneren Totalreflexion ausgehend) Krümmungsradius der Faser R.
Wir wenden das Sinustheorem auf das Dreieck OAB an (Abb. 9.3) und

154

erhalten folgende Proportion:

$$\frac{\overline{AO}}{\sin \theta} = \frac{\overline{OB}}{\sin (90° + \beta)} . \tag{9.4}$$

Wir berücksichtigen, daß $\overline{AO} = R$, $\overline{OB} = R + D/2$, und schreiben Cl. (9.4) in der Form

$$\frac{R}{\sin \theta} = \frac{R + D/2}{\cos \beta} . \tag{9.5}$$

Weiterhin berücksichtigen wir, daß $\cos \beta = \sqrt{1 - \sin^2 \beta} = \sqrt{1 - \sin^2 \alpha/n^2}$ und daß man den Winkel θ dem Grenzwinkel der inneren Totalreflexion gleichsetzen muß: $\sin \theta = 1/n$. Als Ergebnis nimmt die Beziehung (9.5) die Form an:

$$Rn = \frac{R + D/2}{\sqrt{1 - \sin^2 \dfrac{\alpha}{n^2}}} .$$

Somit gilt

$$R = \frac{D}{2(\sqrt{n^2 - \sin^2 \alpha} - 1)} . \tag{9.6}$$

Nehmen wir an, daß $\alpha = 0$. (Der Lichtstrahl tritt streng entlang der Achse in die Faser ein.) In diesem Fall erhält Gl. (9.6) die Form

$$R = \frac{D}{2(n - 1)} . \tag{9.7}$$

Bei $n = 1,5$ erhalten wir hieraus $R = D$.

Somit kann in dem betrachteten Fall der minimal zulässige Krümmungsradius der Faser gleich dem Durchmesser der Faser selbst sein. Natürlich werden solche starken Krümmungen in der Praxis nicht vorkommen, muß man doch zu allem noch Elastizität und Festigkeit der Faser berücksichtigen. Es wird jedoch deutlich, daß eine optische Faser als Lichtleiter gegenüber Verbiegung nicht empfindlich ist, und das ist natürlich sehr wichtig.

9.3. Strahlen in einer konischen Faser

Bisher betrachteten wir eine Faser, deren Durchmesser entlang der gesamten Länge konstant ist. Aber was wird, wenn wir anstelle der zylindrischen Form eine konische Form nehmen – mit allmählich kleiner werdendem Durchmesser? Kann man nicht eine solche

11*

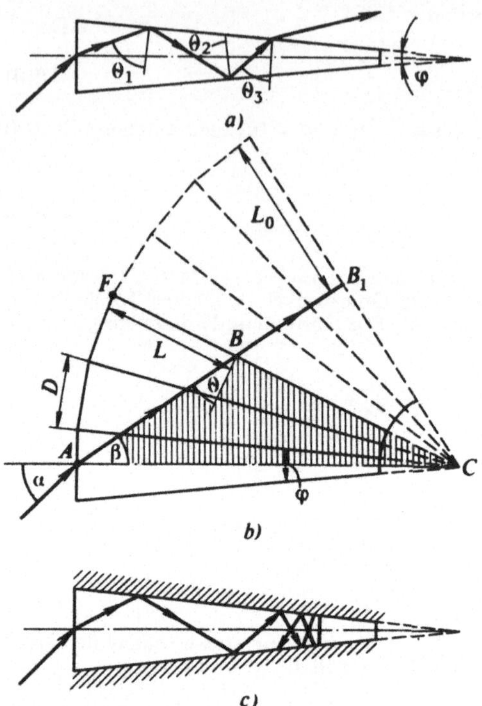

Faser für die Vergrößerung der Energiedichte benutzen, d. h. für die Konzentration des Lichtes?

Solche Fasern existieren. Sie können tatsächlich für das Sammeln des Lichtes verwendet werden; jedoch kann man eine beliebig hohe Lichtenergiekonzentration dabei prinzipiell nicht erreichen. Wenn sich das Licht in einer solchen Faser ausbreitet, wächst nämlich der Winkel θ, unter dem der Lichtstrahl auf die seitlichen Oberflächen der Faser fällt, von einer Reflexion zur anderen – solange, bis die Bedingung der inneren Totalreflexion nicht mehr erfüllt wird und der Strahl die Faser verläßt (Abb. 9.4a).

Wir lösen die folgende Aufgabe. *Das Licht fällt unter dem Winkel α auf die Stirnseite einer sich konisch zuspitzenden Faser mit einem Öffnungswinkel des Konus φ; die Brechzahl der Faser ist n, der Durchmesser der Eintrittsfläche D. Gesucht wird die Länge L, auf der sich der Strahl im Inneren der Faser hält.*

Auf den ersten Blick scheint diese Aufgabe schwierig zu sein, da sich der Einfallswinkel des Strahls auf die Seitenwände der Faser von Reflexion zu Reflexion verändert. Es gibt jedoch einen klugen Einfall, der die Betrachtung sehr vereinfacht. Dieser Gedanke basiert auf der Gleichheit des

Einfallswinkels und des Reflexionswinkels; man kann ihn leicht verstehen, wenn man Abb. 9.4b betrachtet. Wir sehen, daß die reale Bahn des Strahls, die die Form einer geknickten Linie besitzt, in eine gerade Linie „aufgeschlagen" werden kann (Abschnitt AB in der Zeichnung), die die fächerartig angeordneten konischen Fasern schneidet. Der gesuchte Abstand $L = FB$ wird aus der Bedingung bestimmt, daß die Senkrechte zu FC, die im Punkt B errichtet wird, mit der Geraden AB den Winkel θ bilden muß, der dem Winkel der inneren Totalreflexion gleich ist ($\sin\theta = 1/n$). Da der Winkel φ klein ist, kann man offensichtlich annehmen, daß $\overline{AC} = \overline{FC} = D/\varphi$. Wir schreiben das Sinustheorem für das Dreieck ABC:

$$\frac{\overline{AC}}{\sin(90° + \theta)} = \frac{\overline{BC}}{\sin\beta}$$

oder anders

$$\frac{D/\varphi}{\cos\theta} = \frac{D/\varphi - L}{\sin\dfrac{\alpha}{n}}. \tag{9.8}$$

Unter Berücksichtigung von $\sin\theta = 1/n$ schreiben wir Gl. (9.8) in der Form

$$\frac{D/\varphi}{\sqrt{n^2-1}} = \frac{D/\varphi - L}{\sin\alpha},$$

woraus wir auch die gesuchte Länge bestimmen:

$$L = \frac{D}{\varphi}\,\frac{\sqrt{n^2-1} - \sin\alpha}{\sqrt{n^2-1}}. \tag{9.9}$$

Wir überzeugen uns davon, daß es nicht gelingt, die Strahlung in eine sich verengende konische Faser einzusperren. Das gelingt auch nicht, wenn man auf die Seitenfläche der Faser eine spiegelnde Reflexionsschicht aufbringt. Der Strahlengang in einer solchen Faser wird in Abb. 9.4c dargestellt. Der Strahl dringt in die Faser bis zur Tiefe L_0 ein und kehrt danach zurück. Wendet man sich Abb. 9.4b zu, kann man den Abstand L_0 leicht finden. Da das Dreieck AB_1C rechtwinklig ist, gilt $B_1C = (D/\varphi)\sin\beta$ und somit

$$L_0 = \frac{D}{\varphi}(1 - \sin\beta) = \frac{D}{\varphi}\left(1 - \frac{\sin\alpha}{n}\right). \tag{9.10}$$

Formel (9.10) erhält man aus Gl. (9.9), wenn man $n \gg 1$ annimmt. α_1 sei der Einfallswinkel des Strahls auf die Eintrittsfläche eines konischen Lichtleiters und α_2 der Winkel, unter dem der Lichtstrahl den Lichtleiter an der Austrittsfläche verläßt. Man kann sich leicht überlegen, daß für einen sich verengenden Lichtleiter $\alpha_2 > \alpha_1$ gilt und für einen sich verbreiternden umgekehrt $\alpha_2 < \alpha_1$.

9.4. Einfluß der Faserkrümmung

In den betrachteten Aufgaben wurde angenommen, daß die Bahn
des Lichtstrahls innerhalb der Faser aus Geradenabschnitten besteht. Eine solche Annahme muß man jedoch als erste Annäherung
betrachten. In der Praxis erweist sie sich oft als untauglich.
Vor allem muß man berücksichtigen, daß durch die Krümmung
der Faser die Innenseite zusammengedrückt und die Außenseite
auseinandergezogen wird. Die Brechzahl der Faser ist also auf der
Innenseite der Biegung größer als auf der Außenseite. Das führt zu
einer *Krümmung* des Lichtstrahls. Die Krümmung erfolgt so, daß
die konvexe Seite der Bahn in Richtung des geringeren Wertes der
Brechzahl gerichtet ist. Mit anderen Worten: Die Krümmungsrichtung des Strahls entspricht der Krümmungsrichtung der Faser. Somit besteht die Bahn eines Lichtstrahls in einer gebogenen
Faser nicht aus geraden, sondern aus krummen Abschnitten, wie
es in Abb. 9.5 gezeigt wird.

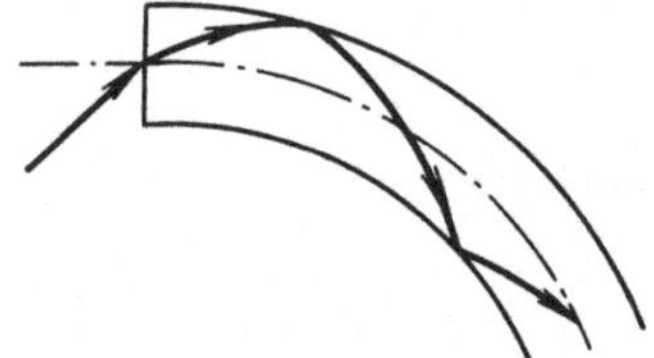

Abb. 9.5

9.5. Optische Differenzfaser

Um den Lichtstrahl im Inneren der Faser effektiver festzuhalten,
wird die Faser so gestaltet, daß die Brechzahl entlang der Achse
der Faser maximal ist und nach den Seiten hin abnimmt. In
Abb. 9.6 wird die Änderung der Brechzahl in Abhängigkeit vom
Querschnitt der Faser gezeigt. Daneben wird die Bahn eines Lichtstrahls in einer solchen Faser dargestellt. In der Abbildung werden
die für ähnliche Fasern charakteristischen Abmessungen angeführt. Bei einem Faserdurchmesser von $200 \cdot 10^{-6}$ m beträgt der
Durchmesser seines zentralen Bereiches (des lichttragenden) ungefähr $50 \cdot 10^{-6}$ m. Die relative Verringerung der Brechzahl beim
Übergang von der Achse der Faser zu ihren Seiten beträgt in dem
betrachteten Fall etwas mehr als 1 %. In der heutigen Zeit sind genügend vollkommene Technologien für die Herstellung von
optischen Fasern mit über den Querschnitt veränderlicher
Brechzahl ausgearbeitet worden. Diese Fasern nennt man *Diffe-
renzfasern.*

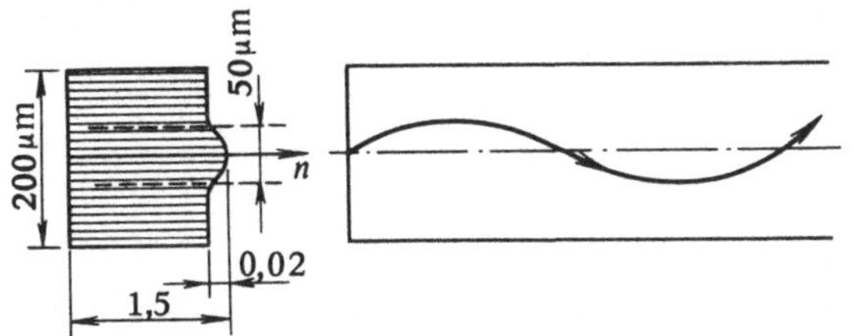

Abb. 9.6

9.6. Dünne Fasern

Alles oben Gesagte betraf Fasern, deren Durchmesser bedeutend größer als die Wellenlänge des Lichtes ist, d. h. sog. *dicke* Fasern. Es werden auch *dünne* Fasern verwendet. Ihr Durchmesser ist mit der Wellenlänge des Lichtes vergleichbar oder sogar kleiner als diese. Der Durchmesser einer dünnen Faser kann 0,1 bis 1 $\times 10^{-6}$ m erreichen. Es ist klar, daß man bei der Betrachtung der Ausbreitung des Lichtes in einer solchen Faser prinzipiell nicht über eine Bahn des Lichtstrahls, wie sie auch immer sein mag, sprechen kann. Hier kann man nur die *Wellen*vorstellung verwenden. Ein sich entlang einer dünnen Faser ausbreitendes Lichtwellenfeld füllt das ganze Volumen der Faser aus. Und mehr noch: Es füllt noch einen Teil des Raumes um die Faser aus. Die angeführten Bemerkungen gestatten es, in bestimmtem Maße die Kompliziertheit der Fragen zu empfinden, die man bei der Entwicklung, Herstellung und Anwendung von Faserlichtleitern lösen muß. Diese Lichtleiter werden heute zur Signalübertragung über Entfernungen von einigen Metern bis zu einigen Kilometern verwendet. Es ist klar, daß lange Fasern durch eine sehr geringe Lichtabsorption und eine sehr geringe Streuung des Lichtes durch die Seitenwände charakterisiert sein müssen. In Übereinstimmung mit den modernen, an lange Lichtleiter gestellten Forderungen sollen die Lichtenergieverluste einige Dezibel (dB) pro Kilometer Länge des Lichtleiters nicht überschreiten. Die an Lichtleiter gestellten Anforderungen, die für Signalübertragungen über kurze Entfernungen von einigen Metern oder einigen hundert Metern verwendet werden, sind natürlich nicht so streng.

9.7. Übertragung einer optischen Abbildung mit einem Faserbündel

Optische Fasern finden eine breite Anwendung nicht nur bei der Übertragung von Lichtsignalen, sondern auch bei der Übertra-

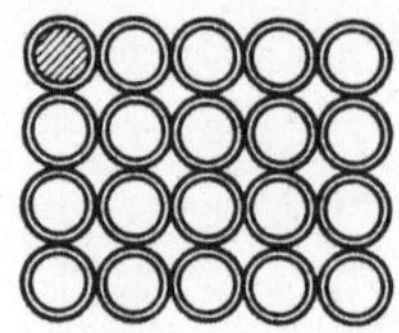

Abb. 9.7

gung von *optischen Abbildungen* (zweidimensionale Bilder). Dazu werden die Fasern zu *Bündeln* vereinigt. In Abb. 9.7 wird der Querschnitt durch ein solches Bündel mit einer verhältnismäßig geringen Anzahl von Fasern dargestellt. In den in der Praxis verwendeten Bündeln kann die Zahl der Fasern eine Million erreichen. Jede zu dem Bündel gehörende Faser ist mit einer Hülle umgeben, die ein Durchsickern der Lichtenergie aus einer Faser in die benachbarte verhindert.

Das Prinzip der Übertragung einer Abbildung in einem Faserbündel ist relativ einfach. Man kann sagen, daß die Lichtstrahlen, die von dem einen oder anderen Element der zu übertragenden Abbildung reflektiert (oder ausgestrahlt) werden, in der entsprechenden Faser des Bündels eingefangen werden, die ganze Länge des Bündels entlanglaufen und am Ausgang das entsprechende Abbildungselement wiedergeben. Bildlich gesprochen, „fangen" wir jeden vom Objekt oder der Abbildung ausgehenden Lichtstrahl einzeln und senden ihn mit Hilfe der Faser dorthin, wo er gebraucht wird. Behalten wir am Ausgang des Bündels die Anordnung der Fasern untereinander wie am Eingang bei, so können wir am Ausgang die gleiche Abbildung wiedergeben, die am Eingang eingegeben wurde. So können wir die Übertragung der Abbildung über eine bestimmte Entfernung realisieren.

Auf diese Art und Weise können wir Abbildungen von Objekten empfangen, die sich in *schwer zugänglichen Höhlen* befinden, von Orten, wohin wir selbst (auch mit unserer gewöhnlichen Optik) nicht hinschauen können. Das ist bei der Erforschung der inneren Organe des Menschen von Bedeutung. Die Faseroptik eröffnet große Möglichkeiten der Untersuchung des menschlichen Organismus, sozusagen aus seinem Inneren.

9.8. Faserbündel zum Ausgleich eines Lichtfeldes

Die Faseroptik erlaubt jedoch nicht nur die Übertragung von Abbildungen, sondern noch etwas mehr. Befindet sich doch jeder vom Objekt ausgehende Strahl gewissermaßen in unseren Händen. Bei Bedarf können wir die Helligkeit des Strahls (die Helligkeit der zu übertragenden Abbildung) verstärken, können die Richtung

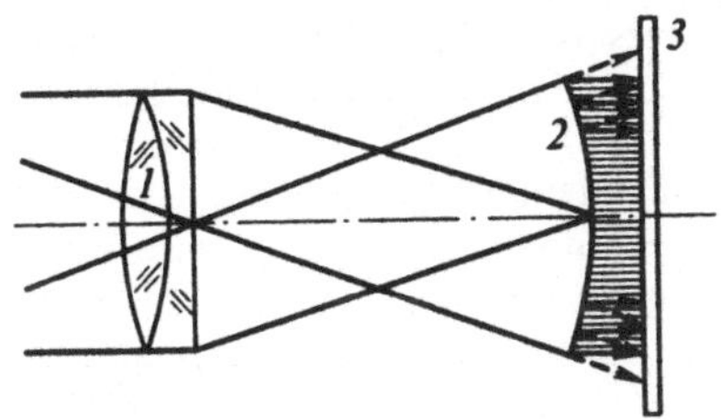

Abb. 9.8

einzelner Strahlen korrigieren (die Aberration der erhaltenen Abbildung verringern). In Abb. 9.8 wird ein sog. *Faserbündel zum Ausgleich eines Lichtfeldes* dargestellt, das es gestattet, die durch das Linsensystem entstandene Aberration zu verringern. In der Abbildung ist *1* das Linsensystem, *2* der faseroptische Korrekturaufbau, *3* die Fotoplatte. Wäre der faseroptische Aufbau nicht vorhanden, würden die Lichtstrahlen auf die Fotoplatte so auftreffen, wie es durch die gestrichelten Pfeile gezeigt wird. Jetzt treffen sie jedoch so auf, wie es durch die ausgezogenen Pfeile dargestellt wird. Die Korrektur des Strahlengangs ist so durchdacht, daß die Aberration des Linsensystems verringert wird.

9.9. Fasersondenröhre in der Hochgeschwindigkeitsfotografie

Als ein weiteres konkretes Beispiel betrachten wir die Anwendung der Faseroptik in der Hochgeschwindigkeitsfotografie. Nehmen wir an, es soll ein schnell ablaufender Prozeß fotografiert werden. Dazu muß man den Film im Kinoapparat schnell bewegen. Dabei gibt es Schranken, die mit den konkreten technologischen Möglichkeiten der schnellen Bewegung des Films und auch mit der Notwendigkeit, ein bestimmtes Zeitintervall für die Belichtungszeit einzuhalten, verbunden sind. Zu ihrer Überwindung kann man einen faseroptischen Aufbau benutzen, den man *Fasersondenröhre* nennt. Diese Röhre formt das zweidimensionale Bild elementweise in eine Zeile um (Abb. 9.9). Das zweidimensionale Bild wird sozu-

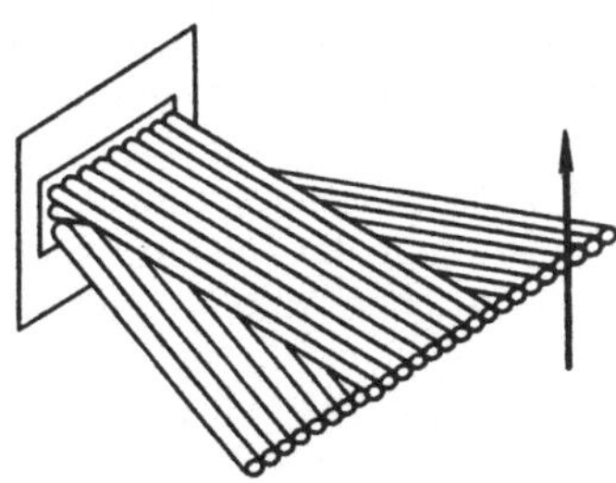

Abb. 9.9

sagen in eine Anzahl von Zeilen zerschnitten, und alle diese Zeilen werden zu einer einzigen Zeile aneinandergereiht. Der Film bewegt sich bezüglich der Abbildung in die in Abb. 9.9 mit einem Pfeil gekennzeichnete Richtung. Es ist verständlich, daß man auf ein und derselben Länge des Films bedeutend mehr Bilder unterbringen kann, wenn diese das Aussehen einer Zeile und nicht eines zweidimensionalen Bildes haben. Später kann die in Zeilenform aufgenommene Abbildung mit Hilfe einer ebensolchen Fasersondenröhre in eine gewöhnliche zweidimensionale Abbildung zurückverwandelt und auf einen neuen Film kopiert werden. Dabei muß sich der erste Film langsamer bewegen; bei normaler Bewegungsgeschwindigkeit des zweiten Films können wir den aufgenommenen Prozeß in einer verlangsamten Version sehen.

9.10. Die Netzhaut des Auges als faseroptisches System

Zum Abschluß dieses Kapitels bringen wir ein Beispiel für ein *natürliches* faseroptisches System, die *Netzhaut* des menschlichen Auges. In Abb. 9.10 ist ein Gebiet der Netzhaut im Bereich des

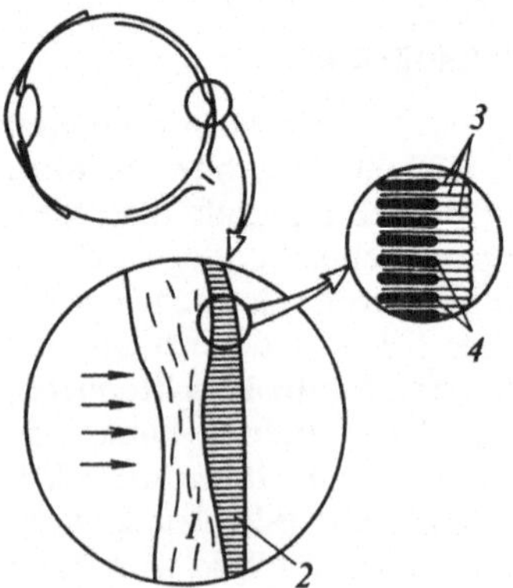

Abb. 9.10

gelben Flecks herausgelöst und schematisch dargestellt worden. Das Licht fällt auf die Netzhaut und durchdringt zunächst die Schicht *1*, die aus Nervenzellen und Fasern besteht, und wird danach von den lichtempfindlichen Elementen in der Schicht *2* aufgenommen. Diese Schicht ist einem faseroptischen Aufbau ähnlich. Sie enthält zwei Typen von Fasern (sie wurden in der Abbildung hervorgehoben): die dünneren Fasern *3* und die dickeren Fasern *4*. Die ersten nennt man Stäbchen und die zweiten Zäpfchen. In den

162

letzten Jahren wuchs die Überzeugung, daß man in der Natur faseroptische Aufbauten und Elemente erheblich öfter antreffen kann, als üblicherweise angenommen.

10. Anhang

Wir haben uns also davon überzeugt, daß die Lichtbrechung ein breites Spektrum von Fragen umfaßt. Und trotzdem haben wir über die Lichtbrechung bei weitem noch nicht alles erzählt. Viele interessante Fragen fanden in diesem Buch einfach keinen Platz mehr. Erwähnen wir wenigstens einige von ihnen.

10.1. Beeinflussung der Brechungseigenschaften der Stoffe

Kann man die Brechungseigenschaften der Stoffe *steuern*? Anders gesagt, kann man die Brechzahl des Lichtes steuern? Die moderne Wissenschaft und die Technik geben eine positive Antwort auf diese Frage. Es bestehen verschiedenartige Möglichkeiten, die Lichtbrechung zu steuern. Sie beruhen auf der Veränderung der Brechzahl in Abhängigkeit von verschiedenen äußeren Faktoren. So hängt z. B. die Brechzahl eines Halbleiters von der Anzahl der Leitungselektronen pro Volumeneinheit ab. Laut Theorie verringert sich die Brechzahl mit zunehmender Anzahl von Leitungselektronen. Die Anzahl der Leitungselektronen hängt von einer Reihe von Faktoren ab; z. B. wächst sie bei Bestrahlung eines Halbleiters mit Licht einer (für den gegebenen Halbleiter) definierten Frequenz. Wir stellen uns eine dünne Halbleiterplatte vor. Bestrahlt man die einen oder die anderen Abschnitte der Platte mit Licht und verringert damit die Brechzahl dieser Abschnitte, entstehen eigentümliche „ebene" Varianten von Linsen und Prismen für ein Lichtbündel, das sich entlang dieser Platte ausbreitet. (Die Platte muß genügend durchsichtig sein.) Das Gesagte wird durch Abb. 10.1 verdeutlicht, in der die bestrahlten Bereiche der Platte schraffiert gezeichnet und die Richtung der sich entlang der Platte ausbreitenden Lichtstrahlen mit Pfeilen dargestellt sind. In der Abbildung werden vier Fälle unterschieden: a) die Ablenkung eines Lichtbündels, b) die Parallelverschiebung eines Bündels, c) die Fokussierung eines Bündels, d) die Defokussierung eines Bündels.

Man kann die Lichtbrechung steuern, indem man den brechenden Stoff in ein äußeres elektrisches Feld bringt und die Feldstärke verändert. Wenn man z. B. eine Flüssigkeit in ein elektrisches Feld

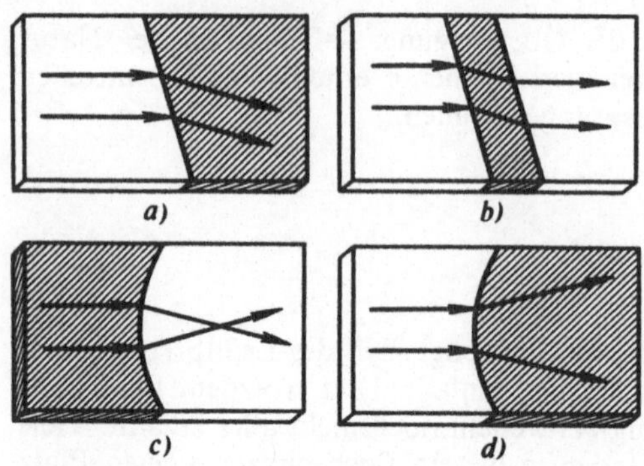

a)   b)   c)   d)   Abb. 10.1

bringt, so nimmt sie die Eigenschaft eines einachsigen (positiven oder negativen) Kristalls an, in dem die Richtung des äußeren Feldes die optische Achse ist. In einer solchen anisotropen Flüssigkeit breiten sich auch wie in einachsigen Kristallen zwei linear polarisierte Lichtwellen aus – die ordentliche und die außerordentliche. Die Differenz $v_o - v_e$ ist dabei dem Quadrat der Feldstärke proportional: $|v_o - v_e| \sim E^2$. Das ist der sog. *elektrooptische Kerreffekt*.

Weiter oben wurde bereits bemerkt (s. neuntes Kapitel), daß sich die Brechzahl in einer gekrümmten Faser von Punkt zu Punkt durch den Einfluß der in einer solchen Faser entstandenen inhomogenen, mechanischen Spannungen verändert. Das bezieht sich auf jeden Stoff, in dem eine mechanische Spannung entsteht oder speziell erzeugt wird. Das letztere kann man z. B. dadurch erreichen, daß man durch diesen Stoff eine Ultraschallwelle schickt. Somit wird die Steuerung der Brechzahl des Stoffes mit Hilfe von Ultraschallwellen möglich. Auf dieser Grundlage entstand und entwickelte sich eine spezielle Richtung der modernen Optik, die sog. *Akustooptik*.

Die Brechzahl hängt ebenfalls von der Temperatur des Stoffes ab. Bei einigen Stoffen wächst sie mit Zunahme der Temperatur an, bei anderen ist es umgekehrt. Entsteht in einem solchen Stoff beim Übergang von einem Gebiet zum anderen eine Temperaturdifferenz oder wird sie speziell erzeugt, so kann sich eine sog. *Wärmelinse* bilden. Die Brechkraft einer solchen „Linse" hängt vom Wärmeregime ab, d. h. vom Erwärmungsgrad und vom Charakter der Wärmeabfuhr. Eine Wärmelinse entsteht z. B. im aktiven Element eines Lasers, das mit Hilfe einer intensiven optischen Bestrahlung, die das aktive Element auch erwärmt, angeregt wird.

Wenn sich ein Lichtbündel großer Intensität in einem Stoff ausbreitet, z. B. ein Bündel aus einem starken Laser, kann man eine eigenartige Erscheinung beobachten, die man als *Selbstwirkung* des Lichtbündels betrachten muß: Das Bündel verändert die Brechzahl, was sich in entsprechender Weise auf die Ausbreitung des Bündels im Stoff auswirkt. Die Brechzahl ist gewöhnlich entlang der Bündelachse größer (dort ist die Intensität des Lichtfeldes höher) und verringert sich in der Nähe der Grenze des Bündels. Dem Leser, der mit der Erscheinung der Krümmung der Lichtstrahlen in einem optisch inhomogenen Medium (s. zweites Kapitel) vertraut ist, fällt es nicht schwer, zu verstehen, warum ein solches Lichtbündel sich sozusagen selbst fokussieren muß. Tritt ein solches Bündel in einen Stoff ein, wird es nicht gestreut, sondern in einem dünnen Lichtfaden gebündelt. Die Erscheinung der *Selbstfokussierung* starker Laserstrahlung in verschiedenen Stoffen wird gegenwärtig intensiv untersucht.

10.2. Elektrooptische Ablenkvorrichtungen

Wir sehen also, daß zahlreiche Möglichkeiten der zielgerichteten Einwirkung auf die Brechungseigenschaften eines Stoffes existieren. Die Steuerung der Lichtbrechung wird vielfach in modernen optischen Anlagen angewendet. Als Beispiel betrachten wir das Wirkungsprinzip einer elektrooptischen Anlage, die es gestattet, sehr schnell (in weniger als einer hunderttausendstel Sekunde) die räumliche Lage eines Lichtstrahls bei Beibehaltung seiner Richtung zu verändern. Eine solche Anlage nennt man *elektrooptische Ablenkvorrichtung*. Das Prinzip einer einfachen Variante einer solchen Ablenkvorrichtung ist in Abb. 10.2 darge-

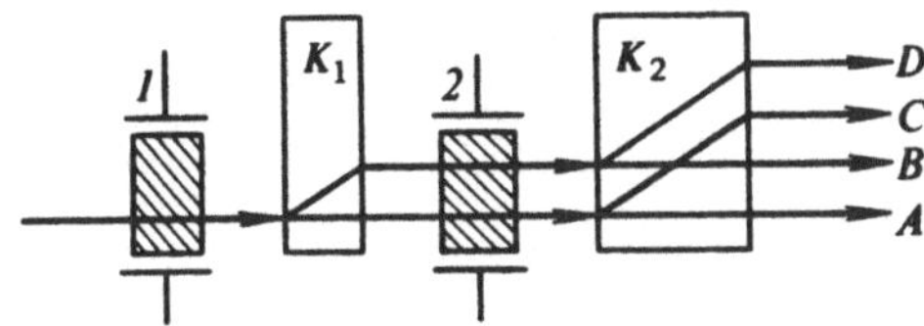

Abb. 10.2

stellt. Hier sind K_1 und K_2 gleichartig orientierte doppeltbrechende Kristalle, *1* und *2* sind Kerrzellen, d.h. in einem elektrischen Feld befindliche, mit Flüssigkeit gefüllte Küvetten. Die Richtung des Feldes ist senkrecht zur Richtung des ursprünglichen Lichtbündels. Die Lichtbündel werden in der Abbildung mit Pfeilen dargestellt. Wir nehmen an, daß der ursprüngliche Lichtstrahl linear polarisiert sei. Außerdem setzen wir voraus, daß bei Anlegen einer Spannung an die Kerrzelle diese als Halbwellenplatte (s. achtes Kapitel) wirkt und die Polarisationsebene des Strahls um 90° dreht. Um einen solchen Drehungswinkel der Polarisationsebene zu erreichen, muß man die Richtungen des Feldes in beiden Zellen unter einem Winkel von 45° zur Richtung der Polarisation des ursprünglichen Lichtbündels orientieren. (Die Richtungen der Felder in beiden Zellen sind gleich.) Die Orientierungen der Kristalle K_1 und K_2 seien so, daß das ursprüngliche Bündel für sie ein ordentliches Bündel ist. (Es ist senkrecht zur Ebene des Hauptschnitts des Kristalls polarisiert.)

Wir nehmen an, daß an beiden Zellen keine Spannung anliegt (die Zellen sind ausgeschaltet). In diesem Fall erfährt der Lichtstrahl keine Ablenkung beim Durchgang durch die Kristalle K_1 und K_2, d. h., er tritt wie ein ordentlicher Strahl auf; der Strahl verläßi die Ablenkvorrichtung in der Lage A (s. Abbildung). Nun seien beide Zellen eingeschaltet. Jetzt wird die Polarisationsebene des Strahls beim Durchgang durch die Zelle 1 um 90° gedreht. Für den Kristall K_1 wird er zum außerordentlichen Strahl. Infolgedessen wird er in ihm abgelenkt. Nach der Drehung der Polarisationsebene um 90° in der Zelle 2 gelangt der Strahl zum Kristall 2 schon als ordentlicher Strahl. Deshalb wird er in diesem Kristall nicht abgelenkt. Der Strahl verläßt somit die Ablenkvorrichtung in der Lage B. Man kann sich leicht vorstellen, daß bei ausgeschalteter Zelle 1 und bei eingeschalteter Zelle 2 der Strahl aus der Ablenkvorrichtung in der Lage C und bei eingeschalteter Zelle 1 und ausgeschalteter Zelle 2 in der Lage D austritt. Hier wurde der Einfachheit halber ein Zweikaskadenschema betrachtet. Es besitzt nur vier Ausgangslagen. Sind n Kaskaden enthalten, ist die Anzahl der Lagen am Ausgang gleich 2^n. In modernen Ablenkvorrichtungen werden 1024 Lagen sicher realisiert, was 10 Kaskaden entspricht.

10.3. Kosmische Linsen

Zum Abschluß schneiden wir noch eine mit der Lichtbrechung verbundene Frage an. Wir sprechen von den sog. *kosmischen Linsen*. Spricht man über solche „Linsen", meint man zwei optische Erscheinungen. Die erste ist dem Leser schon bekannt; sie ist mit der Refraktion in der Atmosphäre verbunden (s. zweites Kapitel). Diese Erscheinung definiert einen eigentümlichen Linseneffekt der Atmosphäre der Erde oder eines anderen Planeten. Die von entfernten kosmischen Quellen zur Erde gelangende Strahlung kann in der Erdatmosphäre, die wie eine eigentümliche Linse wirkt und die Form einer Kugel mit dem Durchmesser von über 10 000 km hat, fokussiert werden. Die zweite Erscheinung ist mit der Krümmung des Sonnenlichtes in einem

Gravitationsfeld verbunden. Darauf wollen wir etwas ausführlicher eingehen.
Aus der Allgemeinen Relativitätstheorie des großen Physikers Albert Einstein (1879–1955) folgt, daß die an einem massiven Körper, z. B. der Sonne, vorbeigehenden Lichtstrahlen gekrümmt werden. Infolge einer solchen Krümmung kann man bei einer totalen Sonnenfinsternis einige Sterne beobachten, die sich entsprechend genauer Berechnungen zu dieser Zeit hinter dem Rand der Sonnenscheibe befinden (Abb. 10.3). Wir haben es hier

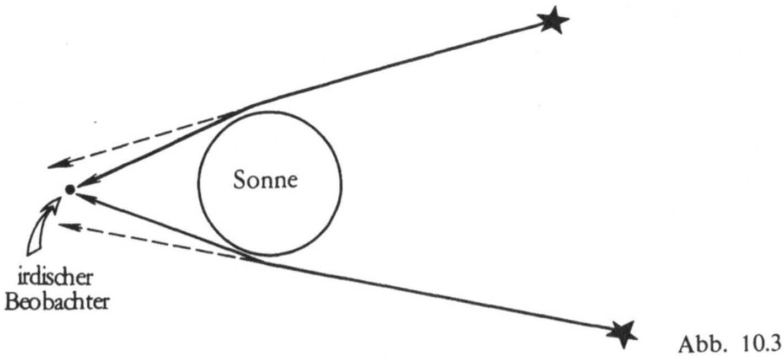

Abb. 10.3

mit einer eigentümlichen kosmischen Linse zu tun, die man als *Gravitationslinse* bezeichnet.
Ein effektives Beispiel einer Gravitationslinse wurde Mitte 1979 gefunden, als man zwei nahe beieinander gelegene, sehr ähnliche *Quasare* entdeckt hatte. Vor ungefähr 25 Jahren wurden die ersten Quasare entdeckt. So wurden äußerst weit entfernte kosmische Objekte benannt, von denen sich eine ziemlich starke Strahlung ausbreitet. Man stellt sich vor, daß Quasare die Kerne weit entfernter Galaxien sind, in denen stürmische Prozesse ablaufen, die die Leuchtkraft solcher Galaxien um das Tausendfache im Vergleich zur Leuchtkraft gewöhnlicher (ruhiger) Galaxien erhöhen. Das 1979 entdeckte Paar von Quasaren unterscheidet sich durch einen Winkelabstand von 6 Winkelsekunden voneinander, das sind drei Tausendstel des sichtbaren Durchmessers des Vollmondes. Schon das war erstaunlich, da alle bekannten Quasare etwa gleichmäßig am Himmel verteilt sind. Der mittlere Winkelabstand zwischen benachbarten Quasaren liegt in der Größenordnung von einigen Grad. Noch erstaunlicher war die vollständige Übereinstimmung der Spektren beider Quasare. Eine solche Übereinstimmung wurde vorher noch nie beobachtet. Heute ist gesichert, daß das genannte Paar von Quasaren zwei Abbildungen *ein und desselben* Quasars sind, die infolge der Existenz einer starken Gravitationslinse im kosmischen Raum

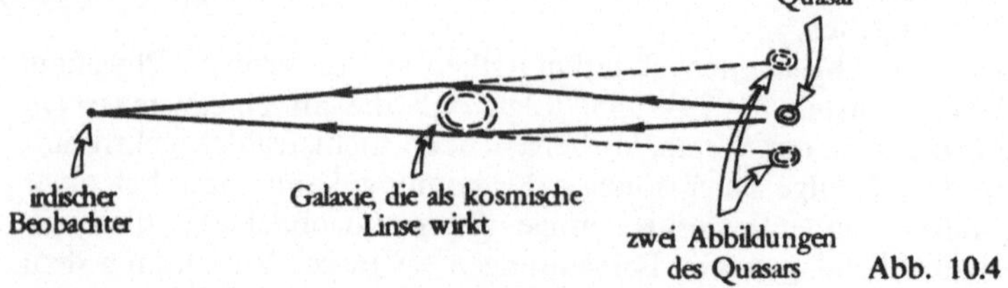

Abb. 10.4

entstehen (Abb. 10.4). Wie Untersuchungen zeigten, wird diese Gravitationslinse durch eine Galaxie erzeugt, die sich zwischen der Erde und dem geheimnisvollen Quasar befindet.

Damit beenden wir unsere Reise in die Welt der sich brechenden Lichtstrahlen oder, anders gesagt, in die Welt der *geometrischen Optik*. Die Vorstellung der optischen Strahlung in Form von Lichtstrahlen gestattet es, viele interessante Erscheinungen zu betrachten. Man muß jedoch daran denken, daß eine solche Vorstellung nur ein Grenzfall für das allgemeinere Herangehen an die Natur des Lichtes ist, die auf der Verwendung des Begriffes der Lichtwelle beruht. Diesen Begriff trafen wir auch auf den Seiten dieses Buches an, aber als seltenen Gast. Wir beschränkten uns bewußt auf den Kreis derjenigen Erscheinungen, die es gestatten, die durchgängige Verwendung des Begriffes der Lichtwelle zu umgehen. Sonst wäre unsere Reise verlängert worden – wir hätten aus der Welt der geometrischen Optik in die ausgedehntere Welt der *Wellenoptik* eintreten müssen.
Einen Rat an den Leser, der bis zur letzten Seite vorgedrungen ist. Lieber Leser! Du hast Dich sicherlich davon überzeugt, daß sich das Buch an einigen Stellen ziemlich leicht liest und an einigen Stellen etwas schwierig. Leicht – wenn wir über Fragen der Geschichte, über Experimente und über die Physik der Erscheinungen sprachen, schwerer – wenn konkrete Aufgaben untersucht (sie wurden durch eine kleinere Schrift herausgehoben) und der Gang der Lichtstrahlen in der einen oder anderen konkreten Situation, der einen oder anderen Vorrichtung betrachtet wurden. Möglicherweise hast Du die schweren Stellen beim Lesen übersprungen oder nur überflogen. Das ist nicht weiter schlimm. Wir raten Dir jedoch, Dich jetzt mit einem Bleistift und einem sauberen Heft auszurüsten und, bei den ersten Seiten des Buches beginnend und nichts überstürzend, alle Aufgaben und optischen Schemata zu analysieren.

УДК 535.3 = 30

Лев Васильевич Тарасов
Альдина Николаевна Тарасова

БЕСЕДЫ О ПРЕЛОМЛЕНИИ СВЕТА
(на немецком языке)

Заведующий редакцией Л. М. Глотов
Контрольный редактор А. А. Левин
Издательский редактор Е. В. Бочарова
Художественный редактор И. И. Каледин
Технический редактор Т. А. Максимова
Корректоры Л. А. Позднякова, И. В. Матусова

ISBN 5-03-000984-1

ИБ № 6146. Научно-популярное издание

Сдано в набор 27.02.87. Подписано к печати 09.11.87.
Формат $84 \times 108^{1}/_{32}$.
Бумага офсетная № 1.
Гарнитура таймс.
Объем 2,63 бум. л. Усл. печ. л. 8,82. Усл. кр.-отт. 9,56.
Уч.-изд. л. 9,86. Изд. № 15/4447.
Тираж 5 190 экз. Зак. 240. Цена 95 коп.

ИЗДАТЕЛЬСТВО «МИР»
129820, ГСП, Москва, И-110, 1-й Рижский пер., 2.

Можайский полиграфкомбинат Союзполиграфпрома при Государственном комитете СССР по делам издательств, полиграфии и книжной торговли.
г. Можайск, ул. Мира, 93.

$$\text{Т} \frac{1704050000-071}{056(01)-88} \; 229-88 \text{ г., ч. 2}$$